MANNING

# 遗留系统
# 重建实战

## Re-Engineering
## LEGACY
## SOFTWARE

〔英〕Chris Birchall  著

张喻 张耀丹 禤娴静 译

人民邮电出版社

北京

图书在版编目（ＣＩＰ）数据

遗留系统重建实战 / （英）克里斯·伯查尔
(Chris Birchall) 著；张喻，张耀丹，糕娴静译. --
北京：人民邮电出版社，2017.10（2023.7重印）
书名原文：Re-Engineering Legacy Software
ISBN 978-7-115-46585-6

Ⅰ. ①遗… Ⅱ. ①克… ②张… ③张… ④糕… Ⅲ.
①软件工程 Ⅳ. ①TP311.5

中国版本图书馆CIP数据核字(2017)第212896号

## 版 权 声 明

◆ 著　　　　[英] Chris Birchall
　 译　　　　　张　喻　张耀丹　糕娴静
　 责任编辑　　杨海玲
　 责任印制　　焦志炜

◆ 人民邮电出版社出版发行　　北京市丰台区成寿寺路 11 号
　 邮编　100164　电子邮件　315@ptpress.com.cn
　 网址　http://www.ptpress.com.cn
　 北京七彩京通数码快印有限公司印刷

◆ 开本：800×1000　1/16
　 印张：12.5　　　　　　　　2017 年 10 月第 1 版
　 字数：262 千字　　　　　　2023 年 7 月北京第 6 次印刷
　 著作权合同登记号　图字：01-2016-6800 号

定价：55.00 元

读者服务热线：(010)81055410　印装质量热线：(010)81055316
反盗版热线：(010)81055315
广告经营许可证：京东市监广登字20170147号

# 内容提要

  正如本书作者所言,大多数开发人员的主要时间都是花费在与现有的软件打交道上,而不是编写全新的应用程序。相信开发人员或多或少都遇到过与遗留系统相关的问题或者困惑,本书致力于帮开发人员回答这些问题,更重要的是,帮开发人员避免把自己当前开发的系统变成别人将来要面临的遗留问题。

  本书篇幅不长,但涵盖的内容很广,例证丰富,有大量的示例代码(主要使用 Java 或 C# 编写),深入浅出地介绍了工作在遗留系统中会遇到的各种问题及应对方法。书中不仅包含技术性的内容——如何选择构建项目的工具,如何自动化构建基础设施,如何决定并进行重构或重写等,也包含非技术性的内容——应该建设什么样的团队文化,如何引入代码评审等活动,如何进行团队知识的传播、改进沟通方式等。

  本书面向的读者是有一定经验的开发人员以及项目和技术管理人员。

# 废墟的召唤

我诅咒废墟，我又寄情废墟。

废墟吞没了我的企盼，我的记忆。片片瓦砾散落在荒草之间，断残的石柱在夕阳下站立，书中的记载，童年的幻想，全在废墟中殒灭。昔日的光荣成了嘲弄，创业的祖辈在寒风中声声咆哮。夜临了，什么没有见过的明月苦笑一下，躲进云层，投给废墟一片阴影。

但是，代代层累并不是历史。废墟是毁灭，是葬送，是诀别，是选择。时间的力量，理应在大地上留下痕迹；岁月的巨轮，理应在车道间辗碎凹凸。没有废墟就无所谓昨天，没有昨天就无所谓今天和明天。废墟是课本，让我们把一门地理读成历史；废墟是过程，人生就是从旧的废墟出发，走向新的废墟。营造之初就想到它今后的凋零，因此废墟是归宿；更新的营造以废墟为基地，因此废墟是起点。废墟是进化的长链。

——余秋雨，《废墟》

软件系统也是如此。回想我自己过去十几年的软件开发工作，曾做过大大小小的项目，有新项目也有几十年的老系统，也曾见证了那些昔日辉煌的新系统如何变成了老旧的遗留系统。就如本书作者所提到的，如果将我过去的工作时间按照读写进行划分，那么绝大多数时间是与别人写的代码打交道，尝试去挖掘当时作者背后的意图，发现其中的蛛丝马迹。而我很多对软件开发的不愉快的回忆也来自这些经历：曾看到大段大段混乱的代码辗转反侧，不得入睡，生怕改错了一行而引起其他未知功能的缺陷；曾对代码中一个几千行方法中某些奇怪的注释——"请勿动这段计算逻辑"而深感无力。

除了代码，还有环境。有一个项目直到我离开都不知如何在本地开发环境搭建好完整的系统，而隔壁的团队戏称他们的系统环境搭建需要至少 3 年的工作经验。

然而，我热爱上软件开发也来自于那段时间的经历。记得当时我维护的一个电信网管系统，其设计精良简单、实现稳定可靠，且容易修改与添加新的功能。其设计思想让我发现了代码的奇妙之处和威力所在，从此点燃了我的软件开发之路，一往直前。

遗留软件是一道美丽艰险的风景线，它离我们并不遥远。昨天的代码即是今天的遗留资产，它诉说的是过去的历史，让人既爱又恨。

本书作者是一位经验丰富的软件开发人员，在本书中，他首先对遗留软件的概念进行了澄清，直面人们对于遗留软件的恐惧与沮丧，从建立度量代码的基础设施入手探索了重新改造遗留软件的切入点。随后，围绕重构从代码级别、模块级别到架构，给出了逐步改善遗留软件的方法，最后，介绍了改善项目的基础设施及工作流程，为我们更好地构建和维护软件奠定了基础。

从整本书来讲，作者给出了改造遗留软件的思路，包括其中一些基础的实践、原则、坏味道以及如何处理，特别提到了代码之外的沟通与文化对遗留软件的影响。从书中的很多内容可以看出，本书是作者多年的经验之谈，虽然没有《修改代码的艺术》那么深，但仍不失为一本实用的处理遗留系统的基础入门书籍，其中第二部分的例子可作为模块重构的参考之一。

这次有幸与我的同事张喻、张耀丹一起完成了本书的翻译。翻译过程中，我们也有诸多的探讨。对我而言，也是一次对遗留软件的系统性学习，受益颇多。其中，让我印象深刻的是作者对于遗留软件乐观积极的态度。就如作者所说，本书是一个开始与战斗的号令，希望能够激发更多的人来探讨和分享更多应对遗留软件的方法和经验，也希望更多正在与遗留软件奋战的程序员朋友们能从中有所收获。

禇娴静

2017 年 7 月

# 译者简介

张喻，ThoughtWorks 咨询师，热爱技术，热衷编程。目前主要从事后端 API 的开发、部署、维护等相关工作，在整洁代码、敏捷实践和软件开发高效团队方面有丰富的理论和实践经验。

张耀丹，ThoughtWorks 咨询师，曾长期参与大型遗留系统的开发与改进，在 Java 服务器端技术、大型系统架构演进、微服务转型、DevOps 和云计算方面有丰富的经验。

禚娴静，ThoughtWorks 咨询师，乐于知识分享与传播。拥有多年企业和互联网应用的开发实战经验，专注于敏捷实践、软件架构和持续交付领域，在.NET 技术栈和微服务架构演化等方面有丰富的积累。

# 前言

　　作为软件开发人员，在我的职业生涯中，写这本书的想法越来越强烈。像许多其他开发人员一样，我花了大部分时间与其他人编写的代码打交道，处理它们引起的各种问题。我想学习和分享关于如何维护软件的知识，但却找不到太多愿意讨论它的人。遗留软件似乎是一个禁忌话题。

　　我发现这个结果相当令人惊讶，因为大多数的开发人员都将主要的时间花费在了与现有软件打交道上，而不是编写全新的应用程序。然而，看科技博客或书籍时，大多数人都在写关于使用新技术来构建全新的软件。这是可以理解的，因为我们开发者就像喜鹊一样，总是寻找下一个闪亮的新玩具来娱乐自己。同样，我认为人们应该更多地谈论遗留软件，所以本书的一个动机是开启这种讨论。如果读者有任何改进本书的建议，请就其写成一篇博客，并公之于众。

　　同时，我注意到，很多开发人员已经放弃了任何改进遗留软件和让它更易于维护的尝试。许多人似乎害怕他们维护的代码。所以我还想让这本书成为一个战斗的号令，鼓舞开发人员对他们的遗留代码库负责。

　　在有了十多年的开发人员经历之后，盘旋在我脑海里的很多想法以及一些零散的笔记，使我有了希望有一天能将这些变成一本书的想法。然后，突然有一天，Manning 出版社与我联系，问我是否想写一本不同的书。我向他们讲述了我的想法，他们表示对此非常感兴趣，之后，我记得我签署了一份合同，然后这本书就成为了现实。

　　当然，这只是一个漫长旅程的开始。我要感谢每一个帮助过这个项目的、将这个模糊的想法变成一本完整的书的人，没有你们，我自己是无法完成它的！

# 致谢

本书的完成离不开许多人的支持，我很幸运能够与许多技艺精湛的开发人员一起工作数年，他们为本书间接地贡献了不计其数的想法。

感谢 Infoscience 的每一个人，特别是经理和高级开发人员，他们让我有机会尝试新技术和开发方法。我想我对产品做出了积极的贡献，但我也从其中学到了很多。特别值得一提的是 Rodion Moiseev、Guillaume Nargeot 和 Martin Amirault 的一些了不起的技术讨论。

我也要感谢 M3 项目的每一个人，在那里，我第一次尝试用天而不是月来度量发布周期。我学到了很多，特别是从"老虎"Lloyd Chan 和 Vincent Péricart 那里受益匪浅。也是在 M3 的时候，Yoshinori Teraoka 给我介绍了 Ansible。

现在我在 Guardian，我非常幸运能与这么多有才华有激情的开发人员合作。更重要的是，他们教会了我真正以敏捷方式进行工作的意义，而不仅仅是走过场。

我还要感谢那些花时间阅读本书初稿的审稿人：Bruno Sonnino、Saleem Shafi、Ferdinando Santacroce、Jean-FrançoisMorin、Dave Corun、Brian Hanafee、Francesco Basile、Hamori Zoltan、Andy Kirsch、Lorrie MacKinnon、Christopher Noyes、William E. Wheeler、Gregor Zurowski 和 Sergio Romero。

这本书也收到了来自整个 Manning 编辑团队的很大帮助。策划编辑 Mike Stephens 帮助我把书从想法落实到纸面，我的编辑 Karen Miller 不知疲倦地审阅初稿，我的技术开发编辑 Robert Wenner 和技术校对员 René van den Berg 都做出了不可估量的贡献。Kevin Sullivan、Andy Carroll 和 Mary Piergies 帮助完成了从初稿到最后的生产的过程。还有无数其他人审查了我的手稿，或者以其他的方式帮助了我，其中一些我可能甚至都不认识！

最后，我要感谢我的妻子 Yoshiko、我的家人、我的朋友 Ewan 和 Tomomi、Nigel 和 Kumiko、Andy 和 Aya、Taka 和 Beni，以及其他在我写作时让我保持清醒的每一个人。尤其是 Nigel，他很棒。

# 关于本书

本书的设定目标是，教会你将一个被忽视的老旧代码库转变为一个可维护的、功能良好的、能为你的组织产生价值的软件所需要做的一切事情。当然，在一本书里覆盖全部内容是一个不可实现的目标，但是我已经尝试着用多种不同的角度来处理遗留软件的问题了。

代码变成遗留资产（我是指大致上难以维护）的原因有很多，但大多数原因与人有关而非技术。如果人们彼此之间没有足够的沟通，当他们离开组织时，有关代码的信息就可能会丢失。同样，如果开发人员、管理者和组织作为一个整体，并没有正确地划分他们工作的优先级，那么技术债务会累积到不可持续的水平，开发的速度几乎会下降为零。正因为如此，本书将反复涉及组织方面，尤其是重点关注信息随时间流失的问题。仅仅意识到这个问题，便是解决它的重要的第一步。

这并不是说，本书没有技术内容——远远不是。在本书中，我们将会涵盖范围广泛的技术和工具，包括 Jenkins、FindBugs、PMD、Kibana、Gradle、Vagrant、Ansible 和 Fabric。我们将详细讨论一些重构模式，讨论各种架构的相关方法，从单体结构到微服务，以及在重写期间处理数据库的策略。

## 组织结构

第 1 章是一个入门介绍，解释了我所说的遗留软件的意思。每个人都有自己对于一些术语的定义，如"遗留"（legacy），所以有必要在开始前确认我们是相互理解的。此外，我还谈论了一些促使代码变为遗留资产的因素。

在第 2 章中，我们将使用诸如 Jenkins、FindBugs、PMD、Checkstyle 和 shell 脚本等工具来搭建用于审查代码库质量的基础设施。它们将为你提供可靠的数字数据来描述代码的质量，这些数据很有用，原因有很多。第一，它允许你定义清晰的、可度量的目标以提高质量，这为重构提供了结构。第二，它可以帮你决定应该把工作重点放在代码的什么位置。

第 3 章讨论了如何在开始一个大型的重构项目之前让组织中的每个人都参与进来，并提供一些关于如何解决最困难的决策的建议：重写还是重构？

第 4 章深入重构的细节，介绍了一些我以前经常看到的在遗留代码里成功应用的重构模式。

在第 5 章中，我们将看一下我所说的重搭架构（re-architecting）。这是大范围的重构，即在整个模块或组件的级别，而不是单独的类或方法上重构。我们还将看一个案例研究，讲述如何将单体代码库架构重搭成多个独立的组件，并比较各种应用程序架构，包括单层架构，面向服务架构（service-oriented architecture，SOA）和微服务架构。

第 6 章致力于完全重写一个遗留应用程序。本章涵盖了防止特征蠕变所需的预防措施，现有实现对其替换实现的影响程度以及如果应用程序具有数据库时该如何顺利迁移。

接下来的 3 章没有继续代码的话题，而是探讨了基础设施。在第 7 章中，我们将讨论自动化是如何大大提高新开发人员的入职流程的，这将鼓励团队之外的开发人员做出更多贡献。本章介绍了 Vagrant 和 Ansible 等工具。

在第 8 章中，我们将继续使用 Ansible 进行自动化工作，这一次将其扩展到了预生产（staging）环境和生产环境。

第 9 章通过展示如何使用像 Fabric 和 Jenkins 这样的工具来自动化软件的部署，完成了基础设施自动化的讨论。本章还提供了更新项目工具链的示例，在这种情况下，如何将构建工具从 Ant 迁移到 Gradle。

在第 10 章即本书的最后一章中，我将提供一些可以遵守的简单规则，希望它们能够帮助你防止代码成为遗留资产。

## 源代码

书中的所有源代码都是等宽字体，以便与周围的文本区分开来。在很多代码清单中，为了指出关键概念，对代码加了评注。还有一些代码清单中，注释被设置在代码中，告诉开发人员在"真实世界"中将看到什么。

我们试图通过添加换行符并仔细使用缩进来格式化代码，使其适合于书中的可用页面空间。

本书中使用的所有代码都可以从 www.manning.com/books/re-engineering-legacy-software 下载，也可以在 GitHub 上（https://github.com/cb372/ReengLegacySoft）找到。

## 作者在线

购买本书的读者可以免费访问 Manning 出版社运行的私有网络论坛，在那里，可以对本书发表评论，提出技术问题，还可以从作者和其他用户那里获得帮助。要访问论坛并订阅它，只需在 Web 浏览器中访问 www.manning.com/books/re-engineering-legacy-software 即可。此页面提供了一些信息，包括在注册后如何访问论坛，网站提供了什么样的帮助以及论坛上的行为规则。它还提供了本书中示例的源代码、勘误表以及其他下载资源的链接。

Manning 出版社承诺为我们的读者提供一个平台，在这个平台上，不同的读者之间、读者与作者之间可以进行有意义的对话。这个承诺并不包括本书作者的参与度，作者对该论坛的贡献仍然是自愿的（无偿的）。我们建议读者尝试向作者提出具有挑战性的问题，以免作者丧失对论坛的兴趣！

只要本书还在发行，读者就可以在 Manning 出版社的网站上访问作者在线论坛和以前讨论的存档。

## 作者简介

Chris Birchall 是伦敦《卫报》的一名高级开发人员，致力于为网站提供支持的后端服务。此前，他做过很多不同的项目，包括日本最大的医疗门户网站、高性能日志管理软件、自然语言分析工具和许多移动网站。他拥有剑桥大学计算机科学专业的学士学位。

# 关于封面插图

本书封面上的插画名为"Le commisaire de police",即"警察局长"。该插画选自 19 世纪多位艺术家的作品集,由 Louis Curmer 编辑,并于 1841 年在巴黎出版。该作品集的标题是《Les Français peints par eux-mêmes》,翻译过来是"法国人民的自画像"。每幅插画都是精心绘制和手工上色的,作品集中丰富多样的作品向我们生动地展现了 200 年前世界上各个区域、城镇、村庄及居民区的文化是多么迥异。人们彼此分开,讲不同的方言和语言。仅仅通过他们的服饰就能很容易地辨别出他们在哪儿生活,住在城镇还是住在乡村,以及他们的职业或身份。

自那以后,服饰的风格已然发生了变化,当时各地丰富多样的风格已经逐渐消失。现在已经很难分辨出不同大陆的居民,更不用说不同城镇或者地区的居民了。也许我们已经用文化的多样性换取了更加多样化的个人生活——当然也是更加多样化和快节奏的科技生活。

在很难将一本计算机图书与另外一本计算机图书区分开的时代,Manning 出版社借助两个世纪以前的多样化的区域生活的图书封面,让该作品集中的插画重现于世,借以赞美计算机行业的创造力和进取精神。

# 目录

## 第三部分　重构之外——改善项目工作流程与基础设施

# 第一部分

# 开始

如果你正打算重建（re-engineer）遗留代码库，那么不管它的规模如何，你都需要花费一些时间，提前做些功课，并确保你用正确的方式做事。在本书的第一部分，我们会做很多准备工作，这些都是后面会用到的。

在第 1 章中，我们将研究遗留（legacy）指什么，什么因素会导致不可维护软件的出现。在第 2 章中，我们将建立一个检测的基础设施，使我们能够定量地度量软件的当前状态，并围绕重构提供结构和指导原则。

选择什么工具来度量软件质量完全取决于你，这些工具依赖于很多因素，如你的实现语言和你已经有的开发经验等。在第 2 章中，我将使用 3 种流行的 Java 软件质量工具，即 FindBugs、PMD 和 Checkstyle。我还将展示如何将 Jenkins 设置为持续集成服务器。在书中的不同部分我会再提及 Jenkins 相关的内容。

# 第1章 了解遗留项目中的挑战

1

**本章主要内容**
- 什么是遗留项目
- 遗留代码和遗留基础设施的示例
- 造成遗留项目的组织因素
- 改进计划

如果下面这一幕看起来似曾相识，那么请举手：早上上班，拿一杯咖啡，决定看看最新的技术博客，这时，你看到硅谷那家最时尚的创业公司正在用最流行的编程语言 X、最新的 NoSQL 数据存储 Y 和大数据工具 Z 来改变世界，而你却发现自己从来都没有机会抽时间在工作中试用一下这些技术，更别提用它们来改进自己的产品了，这种感觉让你的心情非常沉重。

为什么没试过呢？因为你的任务是维护那无数行未经测试的、没有文档又难以理解的遗留代码。这些代码在你学会写 Hello World 之前就已经上线运行了，并且在你之前已经经历了好几十个开发人员。通常，你得花半个工作日去检查你的提交，以免它造成任何回归问题①，而另外半个工作日则用来灭火，因为 bug 无孔不入。最郁闷的是，随着时间的推移，越来越多的代码被添加到这个日益脆弱的代码库中，情况越来越糟。

但是不要绝望！首先，请记住，你不是一个人在战斗。一般开发人员在现有代码上花费的时间要远远多于写新代码，而且绝大多数开发人员都不得不处理某种形式的遗留项目。其次，请记住，甭管看起来有多困难，一个遗留项目总有脱胎换骨的希望，本书的目标就是要做到这一点。

在本章中，我们先看一下将要尝试解决的各种问题实例，然后再开始制定一个脱胎换骨的计划。

## 1.1 遗留项目的定义

首先，我要确保我们对于什么是遗留项目的理解是一致的。我倾向于使用一个非常宽泛的定义，即任何已经存在的、难以维护或难以扩展的项目都是遗留项目。

---

① 原文为 regression，指破坏现有的功能的问题。——译者注

注意，我们这里讨论的是项目，而不仅仅是代码库。作为开发人员，我们倾向于把精力集中在代码上，但一个项目囊括了很多别的方面，包括：

- 构建工具和脚本；
- 对其他系统的依赖；
- 运行软件的基础设施；
- 项目文档；
- 沟通方式，如两个开发人员之间，或者一个开发人员和一个利益相关者之间。

当然，代码本身是很重要的，但以上这些因素同样会影响到项目的质量和可维护性。

## 1.1.1　遗留项目的特征

要给遗留项目做一个严格的定义并不容易，也没有多大的用处，但很多遗留项目都有一些共同特征。

### 1．老旧

通常，在一个项目的熵①大到真正难以维护之前，它通常要经历几年的时间，同时也会经历几代的维护人员。在他们交接的过程中，很多关于系统的初始设计和以前维护人员的意图的知识会被遗漏。

### 2．庞大

不言而喻，项目越大越难维护。需要理解的代码越多，存在的 bug 越多（如果我们假设软件中的缺陷率是一定的，那么代码越多 bug 就越多），而新的修改造成回归问题的可能性也越大，因为新的修改会潜在影响更多现有的遗留代码。项目的规模也会影响我们如何对其维护：由于要替换掉大项目很困难且风险很大，所以这样的项目更有可能变成一个遗留项目。

### 3．继承而来

顾名思义，遗留项目通常是从之前的开发人员或者团队继承下来的。换句话说，最初写这些代码和现在维护代码的人员并不是同一群人，甚至在他们之间可能隔着几代开发人员。这就意味着，现在的维护人员无法知道为什么这些代码会以现在的方式工作，他们往往只能被迫去猜测最初写这些代码的人的意图及其隐含的设计假设。

### 4．文档不完善

鉴于项目的周期会跨越许多代开发人员，保持文档的准确和完整对项目的长期生存至关重要。但不幸的是，如果说有什么事情能让开发人员觉得比写文档还无趣的话，那便是保持对文档的更新了。因此，即使有现存的技术文档，我们也无法完全信赖它们。

---

① 原文为 entropy，是一个来自物理学的概念，指的是某个系统中的“无序”的总量。——译者注

我曾经做过一个论坛系统，在这个论坛里，用户可以在主题里发帖。这个系统有个 API 可以让用户提取一个最热门主题的列表和这里面每个主题最新发布的一些帖子。这个 API 看起来就像下面这样：

```
/**
 * Retrieve a list of summaries of the most popular threads.
 *
 * @param numThreads
 *        how many threads to retrieve
 * @param recentMessagesPerThread
 *        how many recent messages to include in thread summary
 *        (set this to 0 if you don't need recent messages)
 * @return thread summaries in decreasing order of popularity
 */
public List<ThreadSummary> getPopularThreads(int numThreads, int recentMessagesPerThread);
```

根据文档，如果只希望它返回主题的列表而不需要返回任何帖子，那么你应该把 recent-MessagesPerThread 设为 0。但是，某个时候系统的行为改变了，现在 0 的意思是"结果包含这个主题里面的每一个帖子"。而由于这个应用是获取系统中最热门的主题列表，这里面多数主题包含了几千个帖子，所以任何一个传入 0 的 API 调用都会产生一个巨大的 SQL 查询，而这个 API 的响应也会达到数 MB 的规模！

## 1.1.2 规则的例外

一个符合上述一些标准的项目并不一定就是一个遗留项目。

一个完美的例子就是 Linux 内核。它从 1991 年就开始开发了，绝对谈得上"老旧"，而且它的规模也很"庞大"。（很难确定精确的代码行数，因为这个数字取决于具体的计数方式，但在写这本书的时候，据说约为 1500 万行。）尽管如此，Linux 内核设法保持了非常高的质量。对此，这里提供一个证据：在 2012 年，Coverity 公司在 Linux 内核上运行了静态分析扫描，发现它的缺陷率是 0.66 缺陷/千行代码[1]，低于许多同等规模的商业项目。Coverity 公司的报告认为："在软件质量上，Linux 仍然是开源项目中的'模范公民'。"（参见 Coverity 公司的报告：http://wpcme.coverity.com/wp-content/uploads/2012-Coverity-Scan-Report.pdf。）

作为一个软件项目，我认为 Linux 持续成功的首要原因是：它公开和坦诚沟通的文化。任何对 Linux 的修改都会被全面地评审，这增进了开发人员彼此之间的信息共享，而 Linus Torvalds 特有的"独裁式"的沟通方式，让所有参加这个项目的人都能明确地了解他的意图。

为了说明 Linux 开发社区对代码评审（code review）的重视，下面引用 Linux 内核维护人员 Andrew Morton 的几句话。

它能帮我们发现 bug，提升代码的质量，有时还能防止将严重的问题带进产品。如核心内核中的漏洞，我在评审的时候就发现过大量这样的漏洞。

---

[1] 即每千行代码只有 0.66 个缺陷。——译者注

它也能让更多的人理解新的代码——评审人和那些关注这个评审的人现在都能更好地为这些新代码提供技术支持。

此外，我希望，代码的作者们知道他们提交的代码会被仔细评审，从而更加认真地对待他们的工作。

——内核维护人员 Andrew Morton 在 2008 年接受 LWN 网站采访时做的关于
代码评审的价值的讨论（https://lwn.net/Articles/285088/）

## 1.2  遗留代码

任何软件项目中最重要的部分（特别是对一个工程师来说）就是代码本身。在本节中，我们会看到一些遗留代码的常见特征。在第 4 章中，我们会进一步讨论可以用来解决这些问题的重构技术，但这里我只是想先展示一些这样的例子，希望能激起你的兴趣，然后思考一些可能的解决方法。

### 1.2.1  没有测试和无法测试的代码

由于软件项目的技术文档通常是不存在的或者不可靠的，所以测试往往就成了我们寻找关于系统行为和设计假设的线索的最好地方。一组好的测试套件可以作为项目事实上的文档。实际上，测试甚至比文档还有用，因为它们更有可能和系统实际的行为保持同步。任何一个"具有社会责任感的"开发人员都会去修复由他们对产品代码的变更所导致的测试失败。（我团队中任何敢打破这条规则的人都会被拉去枪毙！）

不幸的是，很多遗留项目几乎就没有测试。不仅如此，这些项目在写的时候通常就没考虑过测试，所以要回过头来给它们添加测试是非常困难的。一个代码示例胜过千言万语，下面我们通过代码清单 1-1 这个示例来说明这一点。

**代码清单 1-1  一些无法测试的代码**

```
public class ImageResizer {
    /* Where to store resized images */
    public static final String CACHE_DIR = "/var/data";

    /* Maximum width of resized images */
    private final int maxWidth =
            Integer.parseInt(System.getProperty("Resizer.maxWidth", "1000"));

    /* Helper to download an image from a URL */
    private final Downloader downloader = new HttpDownloader();

    /* Cache in which to store resized images */
    private final ImageCache cache = new FileImageCache(CACHE_DIR);

    /**
```

```
 * Retrieve the image at the given URL
 * and resize it to the given dimensions.
 */
public Image getImage(String url, int width, int height) {
    String cacheKey = url + "_" + width + "_" + height;

    // First look in the cache
    Image cached = cache.get(cacheKey);
    if (cached != null) {
        // Cache hit
        return cached;
    } else {
        // Cache miss. Download the image, resize it and cache the result.
        byte[] original = downloader.get(url);
        Image resized = resize(original, width, height);
        cache.put(cacheKey, resized);
        return resized;
    }
}
private Image resize(byte[] original, int width, int height) {
    ...
}
}
```

这个 ImageResizer 类的任务是从指定的 URL 获取一个图像，然后把它的尺寸调整为指定的高度和宽度。它有一个用来做图像下载的帮助类，以及一个用来保存调整好的图像的缓存类。现在你对图像尺寸调整逻辑是如何工作的有一个假设，你希望给 ImageResizer 类写一个单元测试，从而验证你的假设是不是对的。

遗憾的是，由于很多原因，这个类难以测试。首先，它的依赖（图像下载和缓存）的实现是硬编码的。理想情况下，你会在你的测试中 mock[①]掉这些类，从而避免在测试中真正去网上下载图像或者把图像存储到文件系统中。例如，你可以提供一个 mock 下载类，当调用它从网址 http://example.com/foo.jpg 下载图像时，只返回一些提前定义好的数据。但在这块代码中，实现是固定的，你无法在你的测试中重载它们。

还有，你只能使用基于文件系统的缓存实现。但是最起码的，你需要能够设置缓存的数据目录，让你的测试不要和产品代码共用同一个目录，可是连这个你也做不到。这个目录同样是硬编码的，只能使用/var/data 目录（如果是在 Windows 上，就是 c:\var\data）。

至少 maxWidth 字段不是硬编码的，而是通过系统属性设置的，因此你可以修改这个字段的值，从而测试图像尺寸调整逻辑是否正确地限制了图像的宽度。但在测试中修改系统属性是极其繁琐的，你必须做这些事情：

（1）保存系统属性的现有值；

（2）将系统属性的值改成你需要的值；

（3）运行测试；

---

① 关于什么是 mock，请参考维基百科：https://en.wikipedia.org/wiki/Mock_object。——译者注

（4）将系统属性的值恢复成你保存的值。即使在测试失败或者抛出异常时，你也要保证执行此操作。

同时，在测试并行运行时你要很小心，因为修改一个系统属性有可能会影响同时运行的其他测试的结果。

## 1.2.2 不灵活的代码

遗留代码的另一个常见问题是，实现新功能或者修改现有的行为会非常困难。一个很小的改动就会涉及许多地方的代码编辑，更糟糕的是，每个编辑都需要进行测试，而且往往是手工测试。

例如，假设你的应用定义了两种类型的用户：管理员（admin）和普通用户（normal user）。管理员可以做任何事情，而普通用户的操作会受到限制。在代码库中，授权检验是简单地用 if 语句实现的。这是一个很大很复杂的应用，因此有好几百个地方在做这样的检查，每一个看起来都像下面这个样子：

```
public void deleteWibble(Wibble wibble)
                throws NotAuthorizedException {
    if (!loggedInUser.isAdmin()) {
        throw new NotAuthorizedException(
            "Only Admins are allowed to delete wibbles");
    }
    ...
}
```

有一天，需要添加一种新的用户类型，叫作高级用户（power user）。这种类型用户的权限比普通用户的高，比管理员的低。因此，对于每一个高级用户有权执行的操作，都必须在整个代码库中进行搜索，找到相应的 if 语句，然后把它更新成下面这个样子：

```
public void deleteWibble(Wibble wibble)
                throws NotAuthorizedException {
    if (!(loggedInUser.isAdmin() || loggedInUser.isPowerUser())) {
        throw new NotAuthorizedException(
            "Only Admins and Power Users are allowed to delete wibbles");
    }
    ...
}
```

在第 4 章中，我们会回过头来重审这个例子，看看我们能如何重构这个应用以让它变得更容易修改。

## 1.2.3 被技术债务拖累的代码

每一位开发人员偶尔都会对写些明知不够完善的代码感到内疚，但这些代码在当时又是足够用的。实际上，这往往是正确的做法。像伏尔泰写的一样：至善者，善之敌。

换句话说，相对于花大量的时间去追求一个十全十美的算法，让程序能正确运行往往更有用也更恰当。

但是，你每次向项目中添加其中一个"刚刚好"的解决方案时，都应该计划一下，在你有充足时间的时候要重新审视和清理这些代码。每个临时的或者取巧的解决方案都会降低项目的整体质量，让将来的工作变得更加困难。如果这样的代码累积得过多，最终项目的进度也会陷入停滞。

债务（debt）通常用来隐喻质量问题的累积。实现一个"快速的"解决方案类似于贷款，到了某个时候我们必须偿还这些贷款。在通过重构和清理这些代码还清贷款之前，你需要支付由此产生的利息，这就意味着，在这个代码库上工作会变得更加困难。如果你有太多的贷款没有偿还，最终需要支付的利息就会超过你的支付能力，有用的工作就会陷入停滞。

例如，假设你的公司在运营一个社交网络的网站 InstaHedgehog.com，它的用户可以上传其宠物刺猬的照片，并且可以相互发送消息，交流刺猬的喂养经验。最初的开发人员在写代码的时候并没有考虑系统的可伸缩性，因为当时他们需要支持的用户数量只有几千个。具体来说，数据库设计的主要目的是为了更容易编写查询语句，而不是为了达到最佳性能。

最初，一切都运行平稳，直到有一天一个养刺猬的名人加入这个网站，InstaHedgehog.com 的人气暴涨！几个月之内，该网站的用户群就已经从几千涨到了接近 100 万。由于设计的负载量达不到这么高的要求，数据库开始扛不住了，系统的性能也受到了影响。开发人员知道他们应该做的是提高系统的可伸缩性，但是要真正实现可伸缩的系统必定要修改主要架构，包括数据库分片，甚至是从传统的关系型数据库切换到 NoSQL 数据存储。

与此同时，这些新用户带来了新的功能需求。团队决定先集中精力增加新的功能，同时采取了一些临时措施来提升性能，包括增加一些数据库的索引，尽可能引入临时缓存措施，并通过升级数据库服务器，抛弃出现了问题的硬件。不幸的是，这些新的功能大大地增加了系统的复杂性。部分原因是其实现涉及了关于数据库基础架构问题的临时解决方案。缓存系统同样增加了复杂性，因为现在要实现一个新功能必须要考虑到对各种缓存的影响。这些导致了各种隐藏的 bug 和内存泄露问题。

一晃几年过去了，到今天，轮到你来负责维护这个庞然大物。现在系统已经复杂到几乎不可能增加新的功能，而且这个过于复杂的缓存系统仍在不断地泄露内存。你已经放弃了去修复问题的尝试，而是选择每天重启一次服务器。不用说你也知道，重搭数据库的架构从来就没有完成过，因为以现在系统的复杂程度来说，这已经是不可能完成的任务了。

当然，在这个故事里，如果最初的开发人员早一点解决了他们的技术债务，你就不用来收拾这个烂摊子了。有趣的是，我们还应当注意到，这些技术债务带来了更多的技术债务。由于最初的技术债务（数据库架构的不足）没有还清，新功能的实现变得极其复杂。这些额外的复杂性本身就是技术债务，因为它们让对这些功能的维护变得更困难。最后，具有讽刺意味的是，这些新的技术债务最终让我们更难还清原来的技术债务了。

## 1.3　遗留基础设施

虽然代码质量是影响遗留项目可维护性的一个主要因素，但仅从代码并不能看到一个项目的全貌。大多数软件的运行需要依赖于各种各样的工具和基础设施，这些工具的质量也会对整个团队的生产率起到戏剧性的影响。在本书的第三部分，我们将着眼于这一领域的改进方法。

### 1.3.1　开发环境

回想一下最近一次你在开发机器上搭建现有项目的经历，从最初从版本控制系统中检出代码，到达到下面列出的状态，你大概花了多长时间？

- 可以在 IDE 中查看和编辑代码；
- 可以运行单元测试和集成测试；
- 可以在本地机器上运行应用程序。

如果这个项目使用的是当下流行的构建工具，并且它的结构符合构建工具的规范，那么你就是幸运的，整个过程在几分钟之内就可以完成；或者，也许还有几个像数据库、消息队列这样的依赖关系需要设置，那么根据 README 文件的指导，大概再花费你几小时的时间，也就都搞定了。然而，当我们谈到遗留项目的时候，事情就不这么简单了，搭建开发环境的时间常常需要以天计算！

搭建遗留项目经常涉及如下事项：

- 下载、安装和学习那些项目中使用的晦涩难懂的构建工具；
- 运行那些在项目/bin 文件夹里无人维护的神秘脚本；
- 执行那些写在总是过期的 wiki 页面上的大量手工步骤。

当第一次加入这个项目的时候，你可能只需要一次性运行这些步骤，所以貌似并不值得投入过多的精力来将这个流程变得更简单、更快速。然而，如下两个原因使我们有必要让项目的搭建过程尽可能地顺利。

第一，并不只是你一个人需要完成这一步，你们团队的每个开发人员都需要这样做，包括现在加入和将来加入的成员。所有这些浪费的天数加起来就非常可观了。

第二，开发环境越容易搭建，愿意参与到这个项目中的人就越多。就如谈论软件质量的时候，我们认为越多人关注代码越好。你可能想避免这样的情况：只有那些已经搭建了环境的团队成员才在项目上工作。相反，你应该努力创造一个环境，使组织里的所有开发人员都能够尽可能方便地参与到这个项目中来。

### 1.3.2　过时的依赖

几乎所有的软件项目都依赖于第三方软件。例如，Java servlet Web 应用程序，它会依赖于Java，需要运行在 servlet 容器（如 Tomcat）中，可能还需要用到 Web 服务器，如 Apache。最有可能的是，它还将使用各种 Java 库，如 Apache Commons。

这些外部依赖改变的速度是我们无法控制的。跟上所有依赖的最新版本需要不断的努力，而这种努力通常是值得的。升级常常会提供性能改善和 bug 修复，有时还包含一些关键的安全补丁。虽然你不应该只是为了这一个原因而升级，但升级通常是件好事。

　　依赖升级有点儿像做家务，如果你经常洗碗、吸地毯，并且每隔几天就迅速将房子打扫一遍，那么家务就不难做。但是，如果你不经常做家务，那么它将会很快变成你的一个主要任务。保持项目依赖最新版本也是一样的。定期升级并保持在最新的次要版本只需要每月几分钟的事情，但是如果你没有及时升级，发现已经落后一个或多个主要版本更新的时候，你就需要投入较大的开发和测试资源来升级到最新版本，并且会面临较大的风险。

　　例如，我曾经亲眼目睹一个开发团队花费数月的时间试图将他们的应用程序从 Java 6 升级到 Java 7。多年来，他们抵制任何依赖的升级，主要是因为他们害怕升级会破坏应用程序那些模糊不清的部分。这是一个庞大的遗留应用程序，它只有很少的自动化测试，也没有规范，没人清楚应用程序当前的行为，以及它的正确行为。但是，当 Java 6 走向结束的时候，团队硬着头皮决定是时候升级了。结果不幸的是，升级到 Java 7 意味着他们要一起升级整个站点的其他依赖。这导致大量的 API 行为被破坏，同时还有一些没有记录的细小行为的改变。这个故事没有皆大欢喜的结局——在花费了几个星期的时间来解决一个 XML 序列化行为的模糊变化之后，他们放弃了升级，并回滚了他们的修改。

## 1.3.3　异构环境

　　绝大多数软件在其生命周期中都会在很多环境里运行，这些环境的名字和数量不是一成不变的，但运行过程通常有些类似：

　　（1）开发人员在他们本地的机器上运行软件；

　　（2）开发人员将软件部署到测试环境中进行自动测试和手动测试；

　　（3）接下来软件会被部署到预生产环境①，预生产环境是和生产环境最接近的一个环境；

　　（4）最后，软件会被发布并部署到生产环境（或者，以软件包的方式发布给客户）。

　　这种多阶段运行方法的主要目的是为了验证软件在发布到生产环境之前是正常工作的，但是这种验证方法的价值取决于这些环境之间相似的程度。除非预生产环境是生产环境在一定合理范围内的精确副本，否则它帮助我们模拟生产环境的价值会严重缩水。同样地，开发环境和测试环境与生产环境越接近，它们的价值就越高，它们可以帮助你快速发现软件中与环境相关的问题，而无需部署到预生产环境才发现这些问题。例如，MySQL 不同版本间的微小更改可能导致软件在这个环境工作，而在另一个环境失败的风险，那么在各个环境使用相同的 MySQL 版本会消除这个风险。

　　然而，将这些环境保持完全一致谈何容易，尤其在没有自动化帮助的情况下。如果这些环境是依靠手工管理的，这几乎就意味着不一致性的存在，这种不一致可以出现在以下几种不同的方式中。

　　■　升级从生产环境向回"流"——假设为了应对零日漏洞，运维团队升级了生产环境的 Tomcat。过了几周，有人注意到预生产环境没有升级，就顺手将其升级。几个月后，又有人终于将测试环境的 Tomcat 也升级了。但是 Tomcat 在开发人员的机器上工作正常，所以也就没有人去升级它。

---

① 原文 staging environment，指与生产环境类似的环境。——译者注

- 在不同的环境中使用不同的工具——在开发人员的机器上，你可能一直使用像 SQLite 或者 H2 这样的轻量级数据库，但在其他环境上会使用其他"正确"的数据库。
- 特殊的变更——假设你正在构建一个新功能的原型，而这个新功能依赖于 Redis，于是你就在测试环境上安装了 Redis。到了最后，你决定放弃这个新功能，所以 Redis 就不需要了，但是你不会卸载它。几年过去了，Redis 实例仍然运行在测试环境中，但已经没有人能知道原因了。

这种环境间的不一致会随着时间越积越多，最后很有可能就导致了软件中最严重的现象——生产环境才有的 bug。这种 bug 是由软件与它的依赖环境交互所产生的，并且只出现在生产环境中。在其他环境中做再多的测试也不会帮助你发现这些 bug，因为在这些环境中问题根本不会发生，所以这些测试基本是没有意义的。

在第三部分中，我们会看一下如何使用自动化的方式来保持各个环境间的持续同步和最新状态，以帮助开发和测试更顺畅地运行，从而避免这样的问题发生。

## 1.4   遗留文化

遗留文化这个词也许有点争议——没有人愿意把他们自己和他们的文化看作遗产，但我注意到，许多花费太多时间去维护遗留项目的软件开发团队，在开发方式和彼此之间的沟通方式上具有一些共同的特征。

### 1.4.1   害怕变化

许多遗留项目都非常复杂，并且缺乏文档，即使那些负责维护这些项目的团队也并不理解所有的内容，例如：

- 哪些功能已经不再使用，可以被安全地删除？
- 哪些 bug 可以被安全地修复？（有些软件用户可能会依赖一个 bug，并把它当作一个特性。）
- 在改动软件行为之前需要咨询哪些用户？

由于缺少这些信息，许多团队都认为保持现状是最安全的选择，并害怕对软件做出任何不必要的变更。任何变更都被视为纯粹的风险，而忽略了那些可能带来的潜在好处。因此项目陷入了停滞状态，而开发人员花费大量的精力来维护现状，并且试图保护软件不受外界影响，就像一只被困在琥珀中的蚊子。

具有讽刺意味的是，由于他们如此厌恶风险，以至于他们不允许软件演进，这通常会将他们的组织暴露于一个巨大的风险面前，被竞争对手抛在后面。如果你的竞争对手能够比你更快地增加功能，这也就像你的项目陷入了停滞模式，那么他们窃取你的客户和市场将只是时间问题。当然，相比开发团队担忧的内容，这是个更大的风险。

但是并不一定要变成这样。尽管可以采取激进的方法，即忽略所有的风险，毫无犹豫地推出所有的变更，但这无疑是场灾难。相对而言，可以采取一个更平衡的做法。如果团队能够持续富有远见，持续权衡每个变更的风险及其收益，并且持续积极地寻求有助于他们做出这些决定的缺失信息，那么软件就能保持持续演进和适应变化。

下面给出了一些遗留项目可能会发生更改的例子，包括与其相关的风险和收益，如表 1-1 所示。表中的最后一列给出了如何收集更多风险相关信息的建议。

表 1-1　一个遗留项目的更改、收益以及风险

| 更　　改 | 收　　益 | 风　　险 | 需要采取的行动 |
|---|---|---|---|
| 删除一个旧的特性 | • 更容易开发<br>• 更好的性能 | • 还有用户在使用这个特性 | • 检查访问日志<br>• 询问用户 |
| 重构 | • 更容易开发 | • 偶然的回归问题 | • 代码评审<br>• 测试 |
| 升级类库 | • 修复 bug<br>• 提升性能 | • 类库行为的改变带来的回归问题 | • 阅读变更日志<br>• 评审类库代码<br>• 手工测试主要特性 |

## 1.4.2　知识仓库

在编写和维护软件时，开发人员遇到的最大问题往往是知识的缺乏，这可能包括：

■ 用户需求和软件功能规范相关的领域信息；

■ 关于软件的设计、架构和内部的项目特定的技术信息；

■ 通用的技术知识，如高效算法、高级语言特性、方便的编码技巧和有用的类库。

在团队中工作的好处是，如果你欠缺一些特定的知识，你的队友可以帮你。为了做到这一点，你需要询问他们，或者他们主动将这些介绍给你，后者会感觉更好一点儿。

这些听起来是显而易见的，但遗憾的是，这种很简单的知识传递和接收的行为在很多团队中并没有发生。除非努力去培养这种沟通和信息分享的环境，否则每个开发人员都是一个信息的载体，他们那些有价值的知识都只是存在于他们的大脑里，而未被分享出去让整个团队受益。

导致一个团队缺少沟通的因素可能包括以下几个。

■ **缺乏面对面的沟通**——我经常看到开发人员用 Skype 或者 IRC 进行聊天，即使他们坐在彼此的旁边。这些工具有它们的用途，特别是你的团队里有远程人员或者你想发个消息给某些人但并不希望打扰他们的工作时，但是如果你想实时跟一个人交谈，而他坐在离你 1 米远的地方，那么使用 IRC 来代替面对面交谈是不健康的！

■ **代码是我的**——"如果我让任何人弄明白我的代码是如何工作的，那么他们可能对它进行批评。"这是开发人员存在的一个常见心态，它可能是沟通的严重障碍。

■ **忙碌的面孔**——展现一种忙碌的氛围是开发人员常用的一种防御策略，从而避免被安排那些无聊的工作。（我对此感到内疚，因为每当我看见有穿西装的人接近我的工作桌时，我都一定会带上我的耳机，并表现出紧张的样子。）但是这也让那些想要寻求意见的其他开发人员感觉不太容易接近。

有许多事情可以帮助你促进团队内部的沟通，包括代码评审、结对编程和黑客马拉松。我们会在本书的最后一章进一步讨论这个问题。

## 1.5    小结

在用了一整章来抱怨软件开发状态之后，看起来好像如果要解决所有这些问题，我们就必须削减工作。但是不要担心，我们不必一次性解决所有的问题。在本书的其他章节，我们会尝试一步步地重整遗留项目。

本章的一些要点总结如下。

- 遗留软件往往是庞大的、老旧的，是从其他人那里继承来的，并且往往缺乏文档。但是也有一些例外，例如，Linux 内核基本上满足了以上所有的特点，但它的质量很高。
- 遗留软件往往缺少测试，要测试也很困难。低可测试性意味着很少的测试，反过来也是如此。如果一个代码库目前仅有很少的测试，那么它的设计可能本身就不可测试，因此给它写新测试也会很困难。
- 遗留代码往往是僵化的，这意味着一个简单的变更也需要很多的工作才能完成。重构可以改善这种状况。
- 遗留软件受到长年累月技术债务的拖累。
- 从开发者的机器到生产环境，那些运行代码的基础设施都值得我们关注。
- 维护软件的团队的文化可能会成为软件改善的障碍。

# 第 2 章 找到起点

**本章主要内容**

- 决定重点重构的地方
- 积极地思考你的遗留软件
- 度量软件的质量
- 用 FindBugs、PMD 和 Checkstyle 检查代码库
- 用 Jenkins 进行持续检查

阅读完第 1 章之后,你应该清楚地知道了什么是遗留软件,以及为什么要对它进行改进。在本章中,我们将讨论如何制定改进计划以及后续如何度量进度。

## 2.1 克服恐惧和沮丧

让我们先从一个小小的思维实验开始吧。选择一个你曾经维护过的遗留软件。仔细地回想一下这个软件,并尝试回忆你能够想到的任何事情:曾经修复的每个 bug、添加的每个新功能、发布的每个版本。过去曾经遇到过什么样的问题?让软件在你的本地机器上运行是否像一场噩梦?还是弄清楚如何将其部署到生产环境更像是一场噩梦?有没有哪些特别的类让你越来越讨厌?在你的记忆中,是否有整天整天的时间都浪费在了失败的重构任务上面?修改代码然后祈祷千万不要在生产环境出现可怕的 bug,这种感觉又是怎样的呢?

我希望这个小小的心理辅导课程不会让你感到太痛苦。现在你已经在脑海里清楚地回想起所选择的那个软件的细节内容,那么我想让你问自己一个问题:"这个软件给我的感受是什么?"如果你像我一样,那么你对这些遗留代码的情绪反应将不会是百分之百积极正面的。

虽然对遗留软件抱有一些负面情绪是很正常的,但这些情绪可能非常具有破坏性,因为它们会影响我们的判断,阻止我们有效地进行改进。在本章中,我们将研究如何克服这些负面情绪,以及如何培养更积极的态度。我们还将讨论一些工具和技术,它们可以帮助我们以客观科学的方式接近重构,从而不受情绪包袱的影响。

特别的是，我想介绍遗留代码常会引起的两种情绪：恐惧和沮丧。

## 2.1.1 恐惧

我曾经工作过的一些代码让我有如下思考。

- 每当我更改了一行代码，我就会破坏一些根本不相关的东西。这些代码实在太脆弱了，根本无法工作。
- 如果没有绝对必要，不要碰任何相关的代码。

即使你对遗留软件的反应并不像我一样夸张，你至少也可能会对代码库的某些部分产生一定的恐惧感。这将会使你常常下意识地采取更多的防御式编程，并对大的更改变得更加地抵抗。你可能清楚地知道哪些类或包是最危险的，然后你会尽可能地避免接触它们。这就是它所产生的副作用，因为这个"危险"代码正是开发人员最应该关注的，而且它可能是一个很好重构的候选目标。

对代码的恐惧往往是因为对未知的恐惧。在一个大型的代码库中，可能有大片大片你不能很好理解的代码。正是这种未知的领域，才最让你害怕，因为你不知道那些代码在做什么，它是如何做的，以及它是如何链接到你更熟悉的部分的。

假设你的任务是维护公司的员工时间跟踪系统，它的代号是 TimeTrack。TimeTrack 是一个多年前内部开发的 Java 遗留应用程序，主要是由一个已经离开公司的开发人员开发的。不幸的是，他在测试或文档方面并没有留下太多的东西，你能找到的唯一有用的文档就是图 2-1 中的架构图。

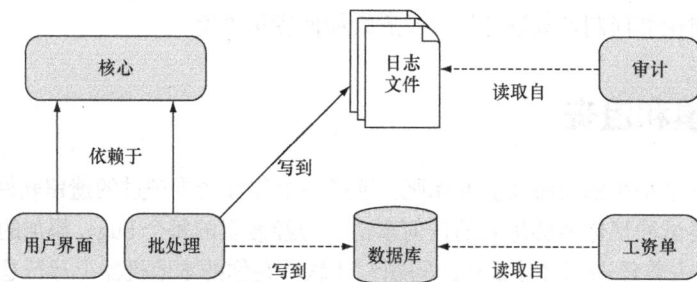

**图 2-1** 员工时间跟踪系统 TimeTrack 的架构

该应用程序有多个组件，具体如下。

- 核心（core）组件实现了复杂的业务逻辑，并包含多个工具类。
- 用户界面（UI）组件为员工提供了一个记录他们工作时间的 Web 界面。它还为管理者提供了构建和下载员工时间花费报告的功能。在技术上，它是用一个基于 Struts 的遗留本地化 Web 框架构建的。
- 批处理（batch）组件包含了多个夜间批处理任务，用来将数据插入到工资单系统的数据库。
- 审计（audit）组件收集和处理夜间批处理任务输出的日志，以便生成符合年度税务审计的合规报告。

到目前为止，你唯一的维护工作是给 Web 用户界面添加一些小功能，所以你对 UI 组件相当熟悉，但你几乎没有接触到其他的组件。你想清理在核心组件中找到的一些"意大利式面条式"的代码，然而你知道夜间工资单批处理工作也依赖于这个核心组件。如果进行代码清理，你担心可能会破坏这些功能。（如果整个公司的工资单系统出现错误或者延迟，你会变得不受欢迎！）换句话说，你害怕系统中那些你知之甚少的部分。

克服对未知恐惧的最好方法很简单，即需要深入到代码中并开始使用它。在 IDE 中打开 Core 项目，并尝试重命名方法，在两个类之间移动方法，引入新的接口，添加注释——基本上可以尝试任何你想到的让代码更整洁可读的工作。这个过程称为探索性重构，并可以带来几个好处。

## 1．探索性重构的好处

最重要的是，探索性重构增加了你对代码的理解。你探索得越多，就越了解代码。你对代码了解得越多，恐惧就会越少。在了解它之前，你至少要对绝大多数移动部分和它们之间的依赖性有粗略的了解，之后你才能成为代码库的大师。没有了对重构可能带来的意外副作用的恐惧，以后无论是缺陷修复、新功能，或更多的重构，进行代码更改都会更容易了。

增加对代码库的理解是探索性重构的主要目的，如果你让更多的开发人员参与其中，效果会更佳。可以尝试与另一个开发人员结对进行探索性重构，或者甚至让整个团队待在一个房间里并在一个大屏幕上浏览代码。每个开发人员都会对代码的不同部分略加熟悉，而这是一个分享知识的好机会。

作为次要好处，探索性重构提高了代码的可读性。注意，探索性重构的目的不是在架构层面实现深层革命性的更改。但它至少应该在单个类和方法的层次上，对提高代码的可读性有显著的改进。这些改进是累积起来的，所以如果你和你的团队已经形成定期进行探索性重构的习惯，那么你会发现代码也变得越来越容易编写了。

## 2．帮助唾手可得

当进行探索性重构时，需要始终记住你有强大的盟友可以依靠，他们会保护你。

（1）版本控制系统。如果你的重构失控，并且不确定代码是否仍然正常工作，那么你只需一个命令来恢复你的更改，并将代码回滚到一个已知的安全状态。这是一个极好的安全网，它允许你对代码尝试各种大胆的更改，因为你知道如果陷入困境，你总是可以将更改回滚。

（2）IDE。现代 IDE（如 Eclipse 和 IntelliJ）提供了强大的重构功能。它们能够执行各种各样的标准重构，并且可以在几毫秒内完成那些需要数分钟或数小时才能完成的繁琐手工编辑工作。此外，它们可以比人类更安全地执行这些重构———个 IDE 从来不会打错字！

如果你对重构是认真的，那么请学习如何有效地使用 IDE。使用过程中，请确保你浏览了 Refactor 菜单中的每一个条目，并准确地检查了其功能。

（3）编译器。假设你使用的是静态编译语言（如 Java），那么编译器可以帮助你快速发现更改的影响。在每个重构步骤之后，运行编译器就能检查出是否引入了任何编译错误。像这样使用编译器获得快速反馈的方式通常被称为编译器依赖。

如果你使用的是 Python 或 Ruby 这样的动态语言，那么就没有编译器可以依赖，所以你必须更加小心地进行变更。这就是为什么许多 Ruby 开发人员对自动化测试如此热情的原因之一。他们使用测试来提供无法从编译器获得的支持。

（4）其他开发人员。每个人都会犯错，所以让同事评审你的更改总是一个好主意。或者，你可能想在重构时尝试结对。一个开发人员（"领航员"）可以检查错误并提供建议，而另一个开发人员（"驾驶员"）可以专注于执行重构。

### 3．特征测试

作为解释性重构的补充，你还可以尝试增加特征测试（由 Michael Feathers 命名的一个术语）。这些测试是验证系统指定部件当前行为的测试。注意，该测试目标是描述系统的实际行为，这些行为与规范中所写的可能不一样。当涉及遗留代码时，保留现有行为通常是最重要的目标。编写这些特征测试可以帮助你巩固对代码行为的理解，它们能给你的更改提供免于意外回归问题的保护，从而使你能够在未来自由地更改代码。

假设 TimeTrack 应用程序的核心组件包含了一些用来操作和格式化日期及时间戳的，类似的但又略有差别的工具类方法。它们的命名也采用了一些不太有助于理解的名字，如 convertDate、convertDate2、convertDate_new 等。你可能需要编写一些特征测试，以确定每个方法的具体功能以及它们之间的区别。

## 2.1.2 沮丧

下面列举的是一些遗留软件在过去给我留下的较负面的和无益的想法。

- 我甚至不知道从哪里开始修复这个大泥球。
- 每个类都与前一个（或后一个）一样糟糕。让我们随机选择一个类开始重构。
- 我已经受够了这个 WidgetManagerFactoryImpl 类了！在我重写它之前，我不会做任何其他的修改。

使用遗留代码有时会令人非常沮丧。即便是最简单的修复也可能涉及 20 个不同的实例，而它们都是来自同一块复制粘贴的代码，添加一个新功能可能需要几天，而实际上它应该只需要几分钟，试图遵循那些过于复杂的代码的逻辑会产生真正的精神压力。这些沮丧的情绪常常导致以下两种结果之一：失去动力或采取孤注一掷。

### 1．失去动力

你绝望地放弃了对重构的投入，并甘愿忍受遗留软件所带来的苦难未来。这个软件的命运似乎已经注定了，没有什么办法可以挽救它。

### 2．孤注一掷

你用一个重构工具随机地开始探测代码库。你可能会从你最不喜欢的类开始，可能你已经关注了它几个月了，然后你会随机选择几个类继续重构，直到满足了你宣泄的欲望。现在你回去做"真正的"工作，几周后，当你积累了足够的沮丧情绪，你又会被迫再次经历相同的循环。

这些特别的重构会话可以产生令人满意的快感，假设你的重构大改革成功了，那么你正在对软件的质量产生积极的影响。但重要的问题是，这有多少差别？当然，你已经改进了那些重构过的类，但是这些类在整个代码库的上下文中是有价值的吗？它们是否处于许多代码更改的关键道路上？这意味着开发人员经常不得不对它们进行查阅和更新，或者它们处于代码库中相对边缘的地方，只是碰巧让你有点恼火？而且在数量上，做了这些又有多少差别？你覆盖到了代码库的多少百分比？没有具体的数据是很难回答这些问题的。

### 3. 解决方案

将软件标记为注定要消亡并放弃它显然不会帮助任何人，所以我们需要一种方式来保持动力，并提醒自己：我们在重构上的努力是有影响的。我们可以通过选择一个或多个表示代码质量的指标来做到这一点。如果我们定期度量这些指标，我们就可以看到它们是如何随时间而变化的，这给了我们一个代码质量正在如何改进的简单指标。用图形可视化该趋势并使其对团队可见是一个非常好的激励因素。如果我们发现数字并没有得到改善，这将给我们一个具体的改进目标。它可能比"必须提高质量"的模糊感觉更具激励作用。

如果我们要对提高代码的质量产生真正的影响，极端的重构貌似需要一个更加系统的方法。我们需要一种方法来准确决定重构的首要目标应该是什么，并且有正当的理由。在我们完成所选择的目标之后，我们应该能够使用相同的决策过程来选择下一个目标，然后再进行重构。重构是一个永无止境的过程，因此不管现在还是未来，我们都需要数据来帮助我们根据给定的软件快照来做出决策。

总而言之，我们想收集有关软件的数据有如下两个原因。

- 显示软件的质量以及质量是如何随时间而变化的。
- 决定我们的下一个重构目标应该是什么。这部分代码可能在数量上比其他糟糕（根据一些度量好坏的标准），或者在重构后能够为团队提供许多价值，也可能因为它是一个开发人员在修复 bug 和添加新功能时经常会动到的类。

在本章的剩余部分，我们将讨论用于收集此类数据并对团队可见的技术和工具。在本章结束时，你将拥有一个可以自动持续地度量代码质量的系统，它使用了许多度量指标，收集度量结果，并使用图形和仪表盘对它们进行可视化。

## 2.2 收集软件的有用数据

我们希望收集有关遗留软件的指标，以便帮助我们回答以下问题：

- 开始时代码是什么状态？它是否真的如你想象的那么糟糕？
- 在任何给定的时间，你的下一个重构目标是什么？
- 你的重构有多少进展？你对代码质量的改善速度足以跟上新更改引入的熵吗？

首先，我们需要决定度量什么。这在很大程度上取决于特定的软件，但简单的回答是度量一切你可以度量的。你希望得到尽可能多的原始数据，以帮助指导你的决策制定。这可能包括以下一些指标，以及许多不在列表中的指标。

### 2.2.1 bug 和编码标准违例

静态分析工具可以分析代码库并检测可能的 bug 或编写不良的代码。静态分析涉及浏览代码（人类可读的源代码或机器可读的编译代码）并标记任何与预定义的一组模式或规则相匹配的代码段。

一个 bug 查找工具（如 FindBugs）可能会标记任何无法关闭已打开的输入流的代码，因为该操作可能会导致资源泄露，因此应被视为一个 bug。像 Checkstyle 这样的样式检查工具会搜索违反给定样式规则的代码。它可以标记任何缩进不正确的代码或者缺少 Javadoc 注释的代码。

当然，这些工具并不完美，它们会产生假阳性（将不是 bug 的代码标记为 bug）和假阴性（未能检测到严重 bug）的错误判断。但是它们提供了表示代码库总体状态的良好指标，并且在选择下一个重构目标时非常有用，因为它们可以精确定位低质量的代码热点。

对于 Java 代码，该领域的 3 个大型工具是 FindBugs、PMD 和 Checkstyle。我会在 2.3 节中展示如何将它们应用到项目中。

**其他语言** 本书仅讨论用于 Java 代码的工具，但大多数主流编程语言都有其相关的分析工具。如果你使用的是 Ruby，那么你想研究的工具可能会是 Rubocop、Code Climate 和 Cane 等。

### 2.2.2 性能

重构的目标之一可能是提高遗留系统的性能。如果是这样的话，就需要对性能进行度量。

**1. 性能测试**

如果你已经有性能测试了，很棒！如果没有，那么你需要写一些这样的测试。你可以从非常简单的测试开始。例如，还记得我们在图 2-1 中看到了其架构的 TimeTrack 系统吗？其中审计组件负责处理夜间批处理任务输出的日志，并从中生成报告。如果夜间批处理任务每天晚上输出数以万计的日志，那么审计组件就需要处理相当于一年的日志。这会增加大量的数据，从而引起我们对于如何最大化系统性能的兴趣。

如果要测试审计组件的性能，可以从以下测试开始：

（1）在已知状态下启动系统；

（2）导入 100 万行虚拟的日志数据；

（3）记录处理数据和生成审计报告所需的时间；

（4）关闭系统并清除。

随着时间的推移，你可以扩展测试以提供更细粒度的性能数据。这可能涉及对被测系统进行更改，例如添加性能日志记录或定时 API 来测量系统各部分的性能。

如果在测试之前启动整个系统（并在之后关闭）是缓慢而繁琐的，那么你可能想要编写更多细粒度的测试来度量单个子系统的性能，而不是整个系统。这些测试通常更容易搭建且运行更快，但它们依赖于能够独立运行软件的各个部分。在遗留应用程序中，这通常说起来容易做起来难，所以你可能需要进行一些重构工作，然后才能编写这样的测试。

假设审计组件在其处理流水线中有 3 个阶段，如图 2-2 所示：解析传入的日志数据，计算报表内容，提交报表并将其写入文件。你可能想为每个阶段编写单独的性能测试，以便可以发现系统中的瓶颈。但是如果每个处理阶段的代码高度耦合，则很难独立地测试任何一个阶段。那么在编写性能测试之前，你需要将代码重构为 3 个单独的类。我们将在第 4 章中讨论更多有关重构的技巧。

图 2-2　审计组件的处理流水线

## 2. 监控生产环境的性能

如果你的软件是一个 Web 应用程序，那么你就能很容易地从生产系统中收集性能数据。任何体面的 Web 服务器都能够将每个请求的处理时间输出到日志文件。可以编写一个简单的脚本来聚合这些数据，从而按一定的频度计算百分位响应时间，如每小时、每天等。

例如，假设你的 Web 服务器每天输出一个访问日志文件，并且请求处理时间是制表符分隔文件的最后一列，那么以下 shell 片段将输出给定日期访问的第 99 百分位数的响应时间。你可以每天晚上运行此脚本，并将结果通过电子邮件发送给开发团队。

```
awk '{print $NF}' apache_access_$(date +%Y%m%d).log | \
   sort -n | \
   awk '{sorted[c]=$1; c++;} END{print sorted[int(NR*0.99-0.5)]}'
```

仅选择日志文件的最后一列

按处理时间增加的顺序对请求进行排序

打印文件中 99% 的行

这个脚本非常粗糙，但它提供了简单、易懂、按天统计的数据，你可以使用这些数据来跟踪软件的质量。以这个作为起点，你可以用你最喜欢的脚本语言编写一个更强大的程序。其中，你可能希望考虑：

- 过滤干扰因素，如图像、CSS、JavaScript 和其他静态文件等；
- 计算每个 URL 的性能指标，以便标记性能热点；

■ 将结果输出为图形，以便更容易可视化性能；

■ 一旦你有了几个月的数据，就可以构建一个在线应用程序，让团队成员查看性能趋势了。

但在深入研究之前，你要意识到市场上已经有很多可用的工具了，它们可以帮助你进行这种分析。你最好尽可能地使用现有的开源工具，而不是编写一堆只是重新造轮子的脚本。我用来度量和可视化生产系统的一个好工具是 Kibana。

Kibana 可以轻松地构建用于可视化日志数据的仪表盘（dashboard）。它依赖于一个名为 Elasticsearch 的搜索引擎，因此在使用 Kibana 之前，你需要将你的日志数据导入 Elasticsearch 索引。我通常使用一个名为 Fluentd 的系统。这个设置的好处在于，日志数据直接被从生产服务器导入到 Elasticsearch，并在几秒内显示在 Kibana 仪表盘上。因此，不仅可以使用它来可视化系统的长期性能趋势，还可以实时监控生产系统的性能，使你能够快速发现并响应问题。

图 2-3 展示了一个典型的设置。应用程序日志由 Fluentd 收集并实时转发到 Elasticsearch，在这里它们被编入检索并可在 Kibana 仪表盘上查看。

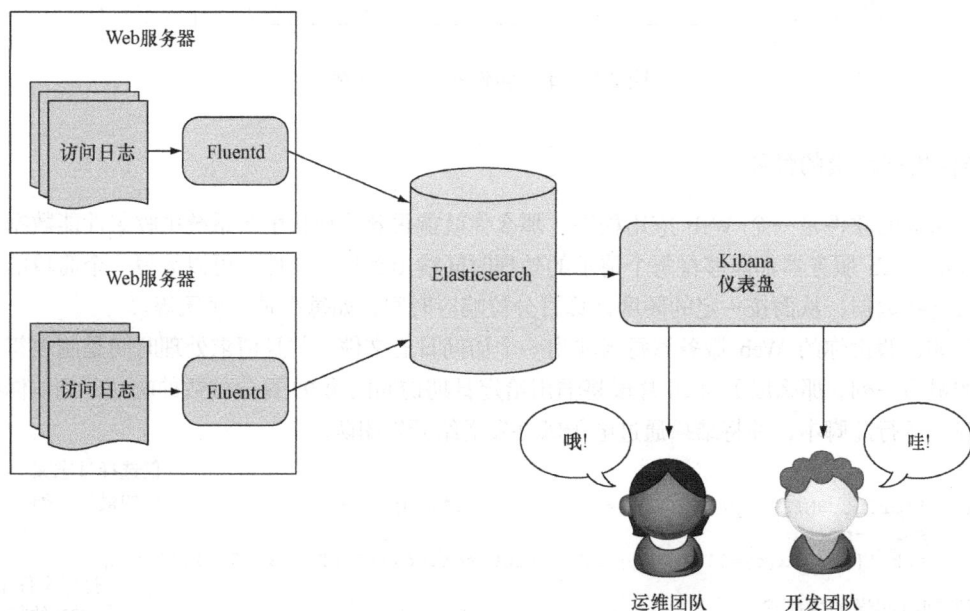

图 2-3   使用 Fluentd、Elasticsearch 和 Kibana 可视化网站性能

图 2-4 显示了 Kibana 仪表盘的细节。Kibana 提供了多种不同的对日志数据进行可视化的方式，其中包括折线图和条形图。

使用 Kibana 可以轻松构建组织中所有成员都能理解的仪表盘，而不仅仅是开发人员。这在尝试传递重构项目的好处或者向非技术利益相关者展示团队进展时很有帮助。在办公室醒目处长久地展示仪表盘的数据也是一个很棒的激励措施。

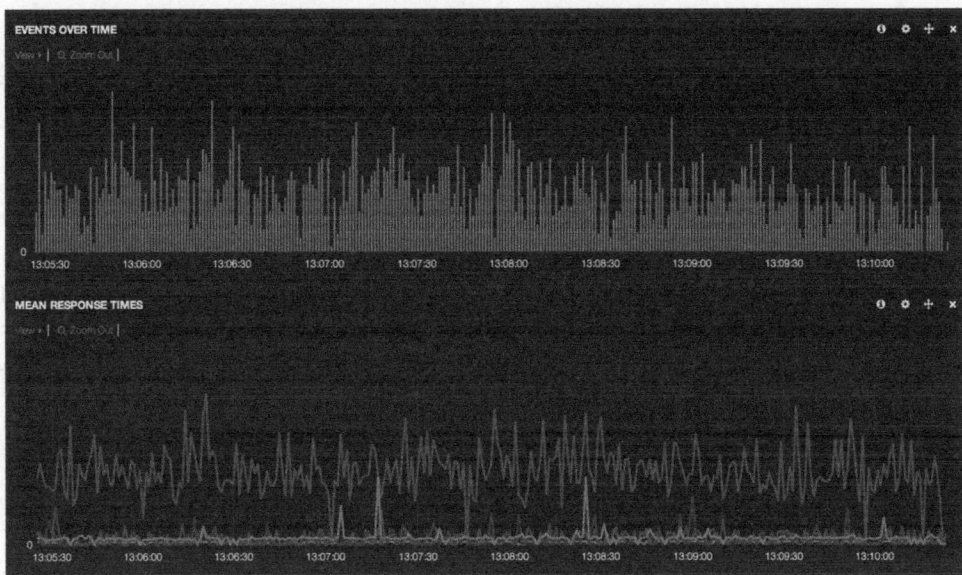

图 2-4 Kibana 仪表盘的屏幕截图

## 2.2.3 错误计数

度量性能固然很好,但是如果代码不能正确地工作(给用户期望的结果且不抛出任何错误),代码运行再快也不重要。

从最终用户的角度来看,生产环境中发生的错误数量是一个简单但有用的表示软件质量的指标。如果你的软件是一个网站,则可以统计服务器上每天生成的 500 内部服务器错误(500 Internal Server Error)响应的数量。此信息应该可以在 Web 服务器的访问日志中找到,因此你可以编写一个脚本来计算每天的错误响应,并通过电子邮件将此数字发送给开发人员。在上一节中介绍的基于 Fluentd 和 Kibana 的系统也可以用于可视化错误的频率。如果想要更详细的错误信息(如栈跟踪),并且想要实时查看错误,我推荐一个名为 Sentry 的系统。

如果你的软件在客户环境中运行,而不是在自己的数据中心运行,你就没有访问所有生产日志数据的权限,但仍然可以估计发生错误的数量。例如,你可以在你的产品中引入一个自动化错误报告的功能,它会在异常发生时联系你自己的服务器。一个技术含量更低的解决方案是简单地统计你从愤怒的客户那里收到的支持请求的数量。

## 2.2.4 对常见的任务计时

记住,我们是在计划将软件及其开发过程作为一个整体进行改进,而不仅仅是代码。以下指标可能对此有所帮助。

## 1. 从头开始搭建开发环境的时间

每当有新成员加入团队时，都让他们测定"在本地机器上搭建软件的完整功能版本和所有相关的开发工具，并使之运行起来"所需的时间。在第 7 章中，我们将讨论如何使用自动化来减少这些时间，从而降低新开发人员进入的障碍，并使他们尽快开始有所产出。

## 2. 发布或部署项目所花的时间

如果创建新版本需要很长时间，这可能是该过程手动步骤过多的一个迹象。发布软件的过程从本质上适合于自动化，并且自动化这一过程将加快其速度并减少人为错误的概率。使发布过程更容易、更快速将鼓励更频繁的发布，这反过来又会促进更稳定的软件。我们将在第 9 章讨论发布和部署的自动化。

## 3. 修复一个 bug 的平均时间

这个指标可以是团队两个成员之间沟通的一个很好的标志。通常，一个开发人员花费了几天跟踪一个 bug，后来却发现，另一个团队成员曾经看到过类似的问题，并且在几分钟之内就解决了。如果 bug 更快地得到了修复，那么这很有可能是因为你的团队成员进行了良好的沟通，并且相互分享了有价值的信息。

## 2.2.5　常用文件

了解项目中哪些文件最常被编辑是非常有用的，有助于选择下一个重构的目标。如果开发人员非常经常地编辑一个特定的类，那么它就是重构的一个理想目标。

注意，这与其他指标略有不同，因为它不是项目质量的度量标准，但它仍然是有用的数据。

你可以使用版本控制系统自动计算此数据。如果你使用 Git，这里有一个一行代码的程序，它会列出最近 90 天编辑最多的 10 个文件。

```
git log --since="90 days ago" --pretty=format:"" --name-only | \    列出最近的 Git 提交，
    grep "[^\s]" | \                                                 打印所有更改的文件
    sort | uniq -c | \                                               删除空白行
    sort -nr | head -10                                              对每个文件出现
                              按倒序排列发生频率                       的次数进行计数
                              并打印前 10 项
```

下面是针对随机选择的一个项目（Apache Spark）运行上述命令的结果：

```
59 project/SparkBuild.scala
 52 pom.xml
 46 core/src/main/scala/org/apache/spark/SparkContext.scala
 33 core/src/main/scala/org/apache/spark/util/Utils.scala
 28 core/pom.xml
```

```
27 core/src/main/scala/org/apache/spark/rdd/RDD.scala
21 python/pyspark/rdd.py
21 docs/configuration.md
17 make-distribution.sh
17 core/src/main/scala/org/apache/spark/rdd/PairRDDFunctions.scala
```

　　这表明，除了构建文件外，最常被编辑的文件是 SparkContext.scala。如果这是一个你想要重构的遗留代码库，那么将注意力集中在这个文件上可能是比较明智的选择。

　　那些在生产环境运行了很长时间的应用程序中，许多应用程序区域相对稳定，而开发则趋向于集中在几个热点功能上。例如，在我们的 TimeTrack 应用程序中，你可能会发现注册工作时间的 UI 多年没有改变，而管理者们经常要求用一些新的、模糊的方式来生成报表。在这种情况下，将重构工作的重点放在报表生成模块上显然是有意义的。

### 2.2.6　度量可度量的一切

　　我已经列举过一些你可以收集的数据，但是这个列表并不详尽。当涉及定义和度量指标时，可能性是无限的。与你的团队进行快速头脑风暴会议无疑将为你提供大量其他有关度量指标的想法。

　　当然，一些东西仅仅能够度量，并不意味着它必然是有用的数据。可以度量代码库中 Z 的数量、开发人员的平均手指数或者生产服务器和月球之间的距离，但很难看出这些数量与质量如何产生关联！

　　除了这些愚蠢的例子，拥有过多的信息总是好过没有足够的信息。一个好的经验法则是，如果有疑问就度量它。随着你和你的团队不断研究这些数据，你会逐渐发现那些最适合自己的特定需求的指标。如果一个给定的指标并不适合你，那就放弃它。

## 2.3　用 FindBugs、PMD 和 Checkstyle 审查代码库

　　当准备重构遗留代码库时，使用静态分析工具搜索代码中的 bug、设计问题和样式违例是一个很好的开始。

　　Java 代码最流行的 3 种静态分析工具是 FindBugs、PMD 和 Checkstyle。虽然这些工具都可以分析 Java 代码并报告问题，但它们的目的略有不同。

　　FindBugs，顾名思义，它试图在 Java 代码中发现潜在的 bug。潜在的意思是，运行这个代码是否可能会导致一个 bug，取决于代码的使用方式和传递给它的数据。任何自动化的工具都不可能 100%确定某一特定的代码片段是一个 bug，而这也并不仅仅是因为 bug 的定义非常主观。一个人的 bug 可能是另一个人的功能！然而话虽如此，FindBugs 这个工具却是非常擅长检测可疑或明显错误的代码。

　　PMD 也是一个用于查找问题代码的工具，它的规则集与 FindBugs 有一些重叠。但是 FindBugs 寻找的是有缺陷的代码，而 PMD 有助于找到那些技术上正确，但没有遵循最佳实践且需要被重构的代码。例如，FindBugs 会指出代码里可能引用了一个空指针（导致一个可怕的 `NullPointer Exception`），而 PMD 能够告诉你两个对象之间的耦合度是否过高。

最后，你可以使用 Checkstyle 来确保所有的源代码遵循你团队的编码标准。确保整个代码库中小事项（如格式化和命名）的一致性可以大大改善可读性。相比编写代码的时间，你会花费更多的时间来阅读代码，对于遗留代码来说尤其如此。所以尝试让代码尽可能地可读是很有意义的。

建议按照 FindBugs、PMD 和 Checkstyle 的顺序使用工具，如图 2-5 所示。这将有助于按重要性修复问题：

（1）修复关键 bug，如 `NullPointerException`；

（2）通过重构修复设计问题；

（3）修复代码格式以提高可读性。

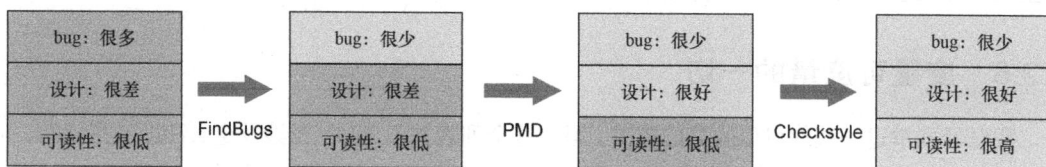

图 2-5　使用静态分析工具改善代码

如果整体设计是混乱不堪的，那么有很好的格式化代码也没什么意义，就如重构那些甚至不能正常工作的代码也是毫无意义的。

## 2.3.1　在 IDE 中运行 FindBugs

对于遗留代码库，我们想要做的第一件事情是搜索和删除任何明显不正确的代码。这些可以使用 FindBugs 来帮忙。

FindBugs 是由马里兰大学开发的一个免费的开源工具。它的工作原理是分析由 Java 编译器生成的字节码，并在其中搜索可疑的模式。FindBugs 会给它找到的每个实例分配一个置信度评级，以表明它认为该实例是 bug 的可能性。FindBugs 数据库中的每个模式也被分配了一个可怕级别，这个级别表明如果你的代码中存在这种 bug，将会有多糟糕。例如，相对于忘记向 `Serializable` 类添加 `serialVersionUID`，`NullPointerException` 通常对程序的运行有更严重的影响。

运行 FindBugs 有多种方法，但最简单的方法是使用 IDE 插件。这样，你可以点击一个 bug，然后直接跳到有问题的代码。IDE 插件还允许你按包、bug 严重性、bug 类别等进行过滤，以便减少一些干扰，从而让你专注于重要的 bug。插件可用于 Eclipse、IntelliJ IDEA 和 NetBeans，可能还有许多其他的 IDE。有关如何安装插件的说明可以参阅相关 IDE 的文档。

**不要忘记编译**　FindBugs 是基于编译后的字节码运行的，而你在 IDE 中看到的是源代码。如果源代码和字节码不同步，FindBugs 分析的结果可能会令人相当的困惑。所以要确保你在运行 FindBugs 之前编译了代码。

图 2-6 中的屏幕截图显示了在 IntelliJ IDEA 中运行 FindBugs IDE 插件的结果。在这个例子中，代码库相当小，并且 FindBugs 在整个项目中只发现了一个 bug。（如果想自己尝试一下，可以去 GitHub 上（https://github.com/cb372/externalized）下载我使用的项目代码。注意，你需要检出到 0.3.0 标签的版本，因为在后续版本中这个 bug 被修复了。）这个插件展示了关于 bug 的位置和严重性的信息，同时包含一个关于它违反的 FindBugs 规则的简明英文描述。双击该 bug 可以在编辑器中打开有问题的源文件，这样你可以审查并修复它。

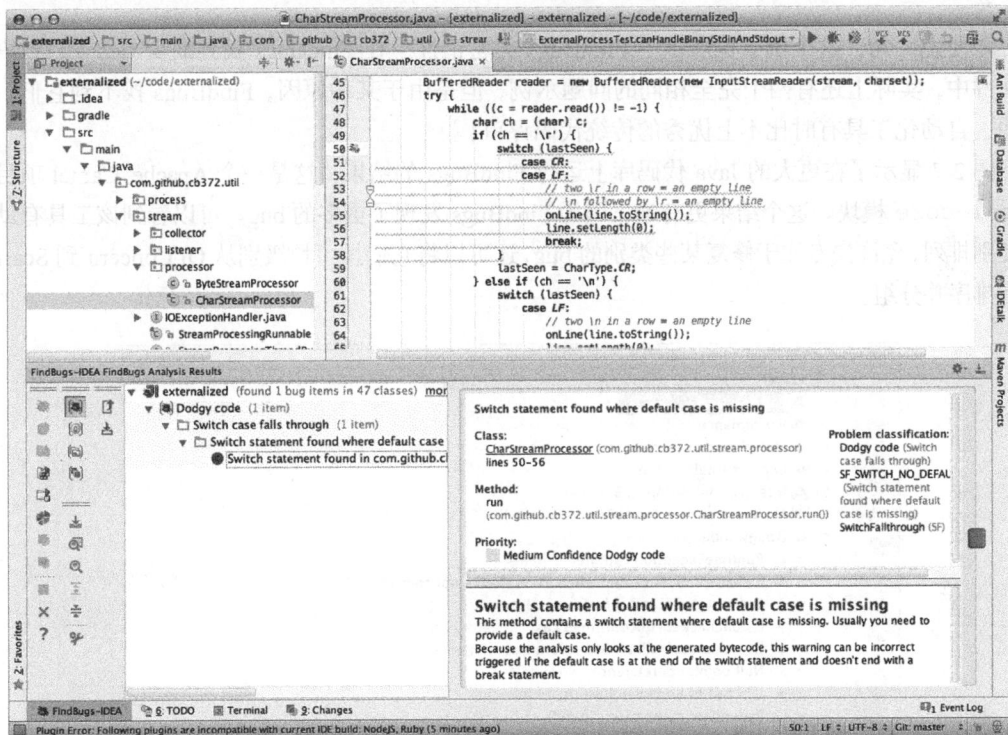

图 2-6　FindBugs 示例分析结果

FindBugs 找到的这个问题是有效的。这是我写的代码，它看起来像我忘记了添加 `switch` 语句的一个 `default` 情况——这是一个像我一样懒惰的程序员经常会犯的错误！这个例子中，缺失的情况实际上不会导致不正确的行为，但总是包含一个 `default` 情况仍然是一个好的实践，它会使读者更容易理解代码。

通常 FindBugs 提供的解释对于如何修复代码相当清楚，从而解决了 FindBugs 对代码的警告。代码清单 2-1 给出了针对这个例子的一个恰当的修复。

**代码清单 2-1　一个 FindBugs 警告的修复**

```
switch (lastSeen) {
    case CR:
```

```
case LF:
    // two \r in a row = an empty line
    // \n followed by \r = an empty line
    onLine(line.toString());
    line.setLength(0);
    break;
default:
    // not a line-break - do nothing
    break;
}
```

添加这个 default 情况会使阅
读代码的人更清楚我的意图

顺便说一句，这个例子也展示了 FindBugs 的易错性。在 FindBugs 找到缺少 default 语句的文件中，实际上还有两个完全相同的问题示例，但是由于某种原因，FindBugs 找不到它们。这表明，自动化工具有时比不上优秀的传统代码评审！

图 2-7 显示了在更大的 Java 代码库上运行 FindBugs 的结果，这是一个 Apache Camel 项目的 `camel-core` 模块。这个结果更有趣，因为 FindBugs 发现了更多的 bug。可以看到该工具有助于按类别排列，允许先专注于修复某些类别的 bug，还可以将它们按可怕级别从 Of Concern 到 Scariest 进行排序并分组。

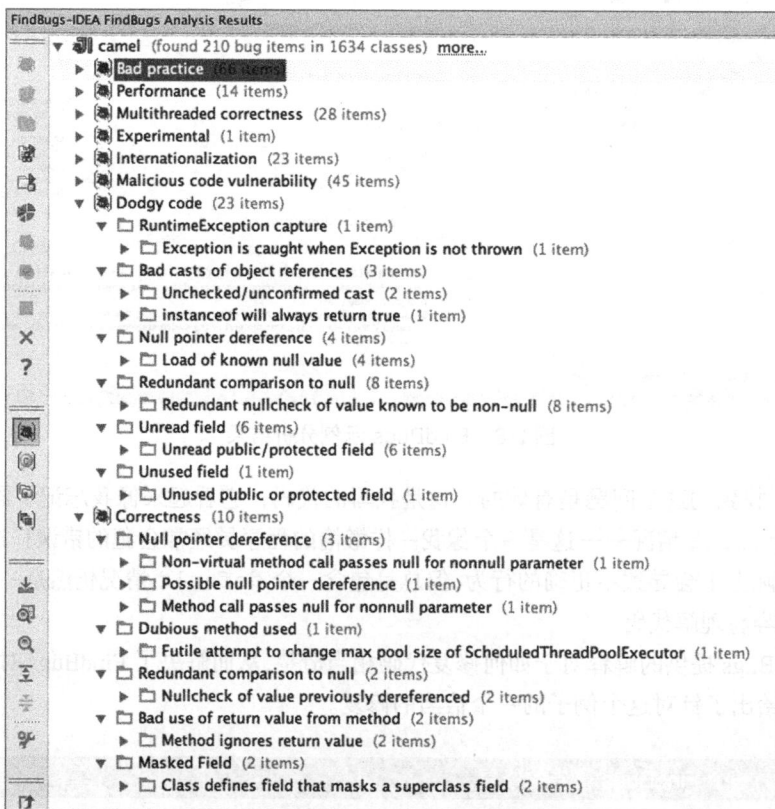

图 2-7　在更大的代码库上运行 FindBugs

## 2.3.2 处理误报

FindBugs 是一个强大的工具,但静态分析的能力是有限的。偶尔 FindBugs 可能会产生一个误报,将一段代码标记为一个 bug,即使你其实一眼就可以看出它并不是。

### 1. 使用注解

幸运的是,FindBugs 开发人员为这种可能性做了准备,并为我们提供了一种方式,它可以将特定的代码段标记为"不是 bug"。你可以使用注解来告诉 FindBugs 不要按一个或多个规则检查某个字段或方法。让我们通过一个示例来看看它是如何工作的。

代码清单 2-2 中的类有一个私有字段 name。由于某种原因,该类总是使用 Java 反射来获取和设置此字段,因此对于 FindBugs 这样的静态分析工具来说,这个字段看起来像是永远不会被访问。

**代码清单 2-2　Java 反射引起的 FindBugs 误报**

```
public class FindbugsFalsePositiveReflection {
    private String name;

    public void setName(String value) {          setter 方法使用反射机制,所以它
        try {                                      能通过字段的名字访问字段本身
            getClass().getDeclaredField("name").set(this, value);
        } catch (NoSuchFieldException | IllegalAccessException e) {
            e.printStackTrace();
        }
    }

    public String getName() {                     getter 方法也是一样的,
        try {                                      它不直接引用该字段
            return (String) getClass().getDeclaredField("name").get(this)
        } catch (NoSuchFieldException | IllegalAccessException e) {
            e.printStackTrace();
            return null;
        }
    }
}
```

果然,如果对这个代码运行 FindBugs,它会给出一个警告,说 name 字段未被使用,应该从类中移除。但你可以看到该字段显然被使用了,所以你想告诉 FindBugs:恕我直言,在这种特殊情况下,这是完全错误的。下面让我们添加一个注解来做到这一点。

要使用 FindBugs 注解,需要将它们作为依赖添加到项目。它们被打包成一个 JAR 包,可以在 Maven Central 上找到。在写本书的时候,它的最新版本是 3.0.1u2。如果使用的是 Maven,可以将以下依赖项添加到 pom.xml 文件中。

```
<dependency>
    <groupId>com.google.code.findbugs</groupId>
```

```
    <artifactId>annotations</artifactId>
    <version>3.0.1u2</version>
</dependency>
```

一旦在这个注解库上有了依赖，就可以向 name 字段添加注解了。代码清单 2-3 显示了新增加了注解的字段。

---

**代码清单 2-3　一个具有 FindBugs @SuppressWarning 注解的字段**

```
@SuppressFBWarnings(
        value = "UUF_UNUSED_FIELD",
        justification = "This field is accessed using reflection")
private String name;
```

这个注解有两个字段：value 和 justification。value 字段用来告诉 FindBugs 你想要抑制哪些 bug 模式，justification 字段是一个注释，用来提醒你自己和其他开发人员抑制该警告的原因。

## 2. 使用排除文件

只有几个误报时，注解是很用的。但有时 FindBugs 可能会产生大量的误报，使得结果难以使用。在这些情况下，遍历每个类并添加注解是非常费力的，因此你可能会想要在包或项目级别，使用一个简单的方法来抑制整个类别的警告。FindBugs 为此提供了用排除文件来实现这一需求的方法。让我们看一下另一个例子。

最近，一个数据分析师加入了你的公司，他负责研究员工如何花费他们的时间，希望能够通过这项研究找到提高效率和降低成本的方法。他们要求你向 TimeTrack 应用程序添加一个 API，以便能够以 XML 格式轻松获取有关工作时间的信息。你决定将 API 添加到应用程序的现有 UI 组件中，而该组件是在基于 Struts 的本地化 Web 框架上构建的。

当生成 API 响应时，你需要将模型类序列化为 XML。幸运的是，本地化的 Web 框架帮你处理了这一切，但它对你的代码施加了几个随意的限制：

■ 所有日期必须是 java.util.Date 的实例（因此不能使用不可变的日期类型，如 Joda Time 库中的日期类型）；

■ 必须使用数组来存储值列表，因为框架不知道如何序列化集合类型，如 java.util. ArrayList。

考虑到这些限制，记录某一天员工工作的模型类可能如代码清单 2-4 所示。

---

**代码清单 2-4　WorkDay bean**

```
package com.mycorp.timetrack.ui.beans;

public class WorkDay {
    private int employeeId;
    private Date date;
    // work record = tuple of (projectId, hours worked)
```

```
    private WorkRecord[] workRecords;

    public int getEmployeeId() {
        return employeeId;
    }

    public void setEmployeeId(int employeeId) {
        this.employeeId = employeeId;
    }

    public Date getDate() {                    ┌─ 返回一个可变的 java.util.Date
        return date;              ◄───────────┤  类型对象
    }                                          └─

    public void setDate(Date date) {
        this.date = date;
    }

    public WorkRecord[] getWorkRecords() {     ┌─ 返回一个可变的
        return workRecords;       ◄───────────┤  数组对象
    }                                          └─

    public void setWorkRecords(WorkRecord[] workRecords) {
        this.workRecords = workRecords;
    }
}
```

如果在这段代码上运行 FindBugs，你会发现它生成了 4 个警告。其中两个告诉你，不应该存储一个可变对象（如 WorkRecord []或 java.util.Date）的引用，而这个引用是作为参数从一个公共方法传进来的。这是因为传递给你可变对象的类可能随后无意中改变了它的内部状态，这可能会导致令人困惑的 bug。

其他两个警告是相似的。它们告诉你不要返回将一个可变对象来作为一个公共方法的返回结果，因为调用者可能会在收到它之后更新该可变对象。

以上这些都是合理的建议，但你已经被 Web 框架限制了，无法严格遵守它们。理论上，你可以通过复制来自 getter 或者传入 setter 的所有可变对象来修复警告。但在这种特殊情况下，并没必要这样做，因为你知道这些 getter 和 setter 只会被 Web 框架的 XML 序列化代码所调用。

因为你并不打算处理这些警告，所以希望简单地抑制它们，以减少 FindBugs 分析报告中不必要的干扰。为此，可以使用排除过滤器来达到目的，即在 XML 文件中定义排除过滤器并将它传递给 FindBugs。代码清单 2-5 显示了一个适用于 XML API 的过滤文件。

**代码清单 2-5　FindBugs 的排除过滤器定义**

```
<FindBugsFilter>
  <Match>
    <Bug pattern="EI_EXPOSE_REP,EI_EXPOSE_REP2" />
    <Package name="com.mycorp.timetrack.ui.beans" />
  </Match>
</FindBugsFilter>
```

**使用版本控制**　将此文件与代码一起检入到版本控制系统中，以便所有开发人员能确保他们使用相同的排除过滤器。

可以使用这样的排除过滤器来消除 FindBugs 报表中的大量干扰。设置一个尽可能少的警告基线是很好的，这样能够轻松地发现由更改代码引入的新 bug。

## 2.3.3　PMD 和 Checkstyle

另一种流行的 Java 静态分析工具是 PMD。与 FindBugs 不同，PMD 的工作原理是分析 Java 的源代码而不是编译的字节码。这意味着它可以搜索 FindBugs 不能解决的几类问题。例如，PMD 可以检查可读性问题（如大括号的使用不一致），或者代码整洁问题（如重复 import 语句）。

PMD 的一些最有用的规则涉及代码设计和复杂性。例如，它有一些规则，可以检测两个对象之间的过度耦合，或者具有高圈复杂度的类。这种分析在寻找下一个重构目标时非常有用。

**圈复杂度**　圈复杂度（cyclomatic complexity）是程序可以在一个给定的方法中采取的不同路径的条数。通常它被定义为方法中的 if 语句、循环、case 语句以及 catch 语句数量的总和，再加上 1（代表方法本身）。通常，圈复杂度越高，一个方法就越难阅读和维护。

就像 FindBugs，运行 PMD 最简单的方法在你最喜欢的 IDE 里使用一个插件。图 2-8 展示了通过 IntelliJ IDEA QA-Plug 插件运行 PMD 的示例结果。注意，对于几页前的那个项目，FindBugs 仅发现了一个警告，而 PMD 发现了 260 个违例！

**PMD 默认情况下有很多噪声**　使用默认设置运行时，PMD 可能会产生很多噪声。例如，PMD 希望你尽可能地给方法参数添加 final 修饰符，而这条规则可能会在一个典型的代码库中产生若干个警告。如果 PMD 在你第一次运行时发出无数警告，请不要丧失信心。这可能意味着你需要调整你的 PMD 规则集，来禁用一些较嘈杂的规则。

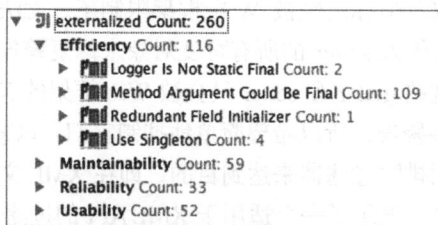

图 2-8　PMD 分析结果的示例

### 1.　自定义规则集

你可能需要调整 PMD 的规则集，直到找到适合你的代码和团队编码风格的规则。PMD 网站包括有关规则集的优秀文档，以及大多数规则的示例，因此你可以花一些时间来阅读文档并决定要应用哪些规则。

## 2．抑制警告

与 FindBugs 一样，PMD 允许在单个字段或方法级别上使用 Java 注解来抑制警告。PMD 使用标准的 @java.lang.SuppressWarnings 注解，因此不需要向项目添加任何依赖项。你还可以通过添加 NOPMD 注释来禁用特定代码行的 PMD。下面的代码清单显示了各种抑制 PMD 警告的方法。

```
@SuppressWarnings("PMD")                                    ◁── 抑制该方法的所有
public void suppressWarningsInThisMethod() {                   PMD 警告
    ...
}

@SuppressWarnings("PMD.InefficientStringBuffering")         ◁── 抑制一个特定的
public void suppressASpecificWarningInThisMethod() {           PMD 警告
    ...
}

public void suppressWarningsOnOneLine() {                   ◁── 抑制与指定代码行相关的
    int x = 1;                                                 所有 PMD 警告
    int y = x + 1; //NOPMD
    ...
}
```

## 3．Checkstyle

Checkstyle 是另一种通过分析 Java 源代码来工作的工具。它有一个广泛的规则集，涵盖了从细节（如空格和格式化）到更高级别的与类设计和复杂性度量相关的问题。绝大多数 Checkstyle 的规则都有选项和参数，可以根据团队的编码标准进行调整。如果你的团队对方法中最大可接受的行数有强烈的意见，你可以告诉 Checkstyle 这个值应该是什么。

Checkstyle 的一些规则（如圈复杂度）也是由 PMD 提供的，因此如果你打算同时使用这两种工具，最好调整规则集以避免重叠。另外值得注意的是，就像 PMD 一样，如果你启用所有的规则，Checkstyle 也会产生相当多的噪声。所以最好禁用与你的代码库或编码风格无关的规则。和 PMD 一样，这也可以通过使用像 XML 这样的文件和/或注解来完成。

在讨论过 FindBugs 和 PMD 之后，读者对这类工具的使用应该已有所了解，所以对于 Checkstyle，我就不再赘述了。我只想说，FindBugs、PMD 和 Checkstyle 都有它们各自的优势。当 3 个工具在一起使用时，它们可以针对代码库的质量提供一些非常有用的信息。

回顾一下这些工具的使用场景：

- FindBugs 有助于发现与线程安全、正确性等相关的细微 bug，而这些往往容易在代码评审中遗漏；
- PMD 与 FindBugs 有很多重叠的功能，但它是基于源代码进行分析的，而不是编译后的字节码，所以它可以捕获不同类别的 bug；
- CheckStyle 与 PMD 有一些重叠，但它更善于基于编码标准来验证代码的风格，而非查找 bug。

## 2.4 用 Jenkins 进行持续审查

在上一节中，你学习了如何使用静态分析工具来生成有关代码质量的报表。但到目前为止，我们只看到了如何从开发人员的 IDE 中运行工具，这种方式对于审查项目非常有用，但它有如下几个缺点：

■ 结果只对那个开发人员可见，很难与团队其他成员分享此信息；

■ 该过程依赖于开发人员能否记住定期运行这些工具。

在本节中，我们将探讨如何通过构建服务器将代码审查过程自动化，并使其结果对整个团队可见，从而解决以上问题。

### 2.4.1 持续集成和持续审查

理想情况下，我们需要一个可以自动监控代码质量的系统，不需要开发人员的任何投入，并将检测信息提供给团队的所有成员。我们可以通过设置如图 2-9 所示的工作流程来实现这一点，即每当开发人员检入新代码时，构建服务器就自动运行审查工具，并在仪表盘上显示结果，以便团队成员在他们空闲的时间查看。

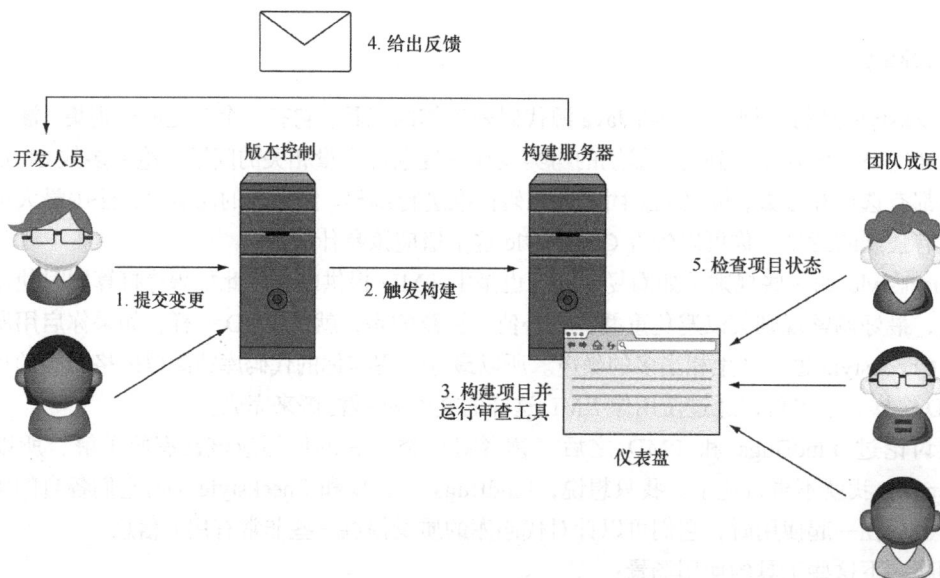

图 2-9 持续审查工作流程

每当开发人员将新更改检入到版本控制系统中时，就会在服务器上自动触发一个构建。构建服务器检查软件构建，并执行其他任务，如运行静态分析工具或自动化测试。

如果构建有问题，如更改导致代码停止编译或引入了一个新的 FindBugs 警告，那么构建服务器将通知提交这个代码的开发人员。有了这个快速反馈，开发人员应该能够轻松地修复他们的错误。

　　构建服务器还提供了一个在线仪表盘，团队成员可以在任何给定的时间使用它来检查软件的状态。这样，每个人就都可以了解关于软件质量的信息，没有人被排除在外了。

　　以这种方式使用构建服务器有时称为持续审查（continuous inspection）。这是持续集成（continuous integration，CI）的一个衍生，它在 20 世纪 90 年代末演变成了极限编程（XP）运动的一部分。由于它与持续集成的密切关系，构建服务器通常也被称为持续集成服务器。在本书中我也会交替使用这两个术语。

　　在本书中，我将使用 Jenkins 作为持续集成服务器。市场上也有很多其他持续集成服务器，如果你还没有使用 Jenkins，你可能会希望在做出选择之前尝试几种其他服务器。当下流行的持续集成服务器包括 JetBrains 的 TeamCity，Atlassian 的 Bamboo，以及像 Travis 这样的托管解决方案。

　　言归正传，让我们来安装 Jenkins，并为构建和审查我们的代码做好准备吧。

## 2.4.2　安装和设置 Jenkins

　　首先，Jenkins 需要一台机器来运行。当你将 Jenkins 设置为在生产环境上使用时，那么它需要安装在一台你的整个团队都可以访问的服务器上。但现在最简单的做法是将它安装在本地的机器上，以便你可以试用。Jenkins 非常容易安装，它有 Windows、OS X 和各种版本 UNIX 的安装包。它的安装包中有一个内嵌的 Web 服务器，可以自动安装所需的大多数工具，所以你需要提前准备的唯一的事情是 JDK。

　　一旦你安装并启动 Jenkins，应该就可以在 http://localhost:8080/访问内嵌 Web 服务器的用户界面了。如果一切顺利，它应该看起来如图 2-10 所示。安装后的设置主要包括如下几点。

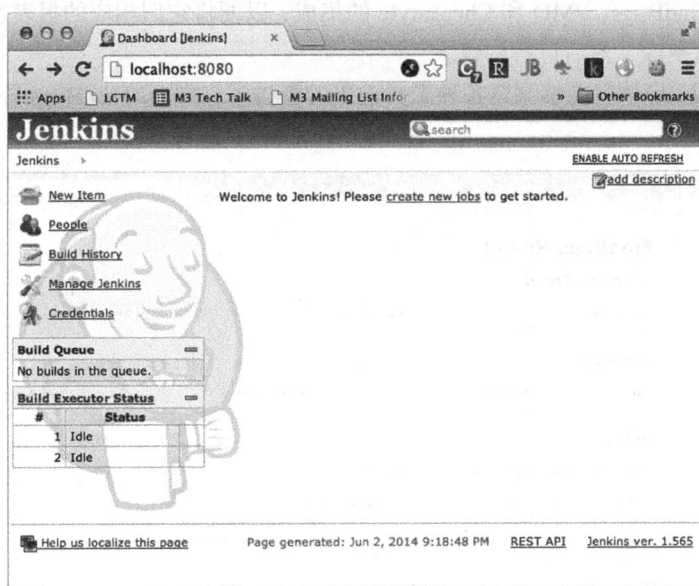

图 2-10　全新的 Jenkins 安装

- 告诉 Jenkins 在哪里可以找到 Maven 等工具。如果你告诉它将要使用的工具,它可以自动下载并安装绝大多数的工具;
- 安装插件。Jenkins 是高度模块化的,它有大量的插件可用。例如,克隆 Git 代码仓库,与 FindBugs 集成等操作都需要使用插件。

### 2.4.3　用 Jenkins 构建和审查代码

下面我们将让 Jenkins 使用 FindBugs、PMD 和 Checkstyle 来审查代码。到目前为止,我们只在 IDE 中使用这些工具,但我们不能期望 Jenkins 像开发人员那样启动一个 IDE。让我们将这些工具与 Maven 集成,Jenkins 知道如何运行 Maven。每个工具都有一个对应的 Maven 插件,因此集成非常简单。你只需要在 pom.xml 中添加 3 个 plugin 块即可。有关集成的详细信息,可以查看各自 Maven 插件的在线文档。如果想构建一个示例项目来试用 Jenkins,可以参考本书附带的源代码归档文件中的一个简单示例项目,这个项目也可以在 GitHub 上( https://github.com/cb372/ReengLegacySoft/tree/master/02/NumberGuessingGame )获得。

在创建新 Jenkins 作业时,需要进行很多设置,但几乎可以使用所有的默认值。以下是我在创建和配置新作业时所做的事情。

(1)创建作业,为其命名并选择 Build A Maven2/3 Project 选项。

(2)填写 Git 代码仓库的详细信息。

(3)告诉 Jenkins 要运行的 Maven 任务:`clean compile findbugs:findbugs pmd:pmd checkstyle:checkstyle`。

(4)启用与 FindBugs、PMD 和 Checkstyle 的集成,以便将它们相应的报表发布到仪表盘上。

(5)保存设置更改,然后运行构建。

一旦构建完成,应该就能够浏览各种工具输出的警告了。例如,FindBugs 警告的报表可能看起来如图 2-11 所示。

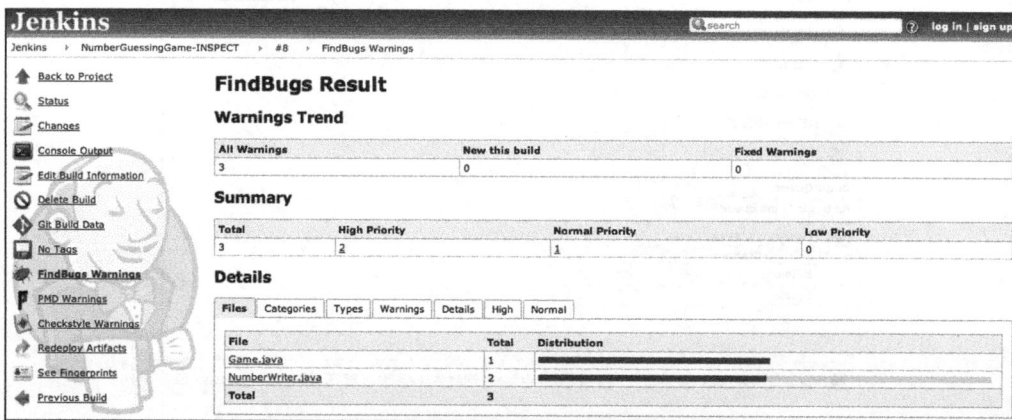

图 2-11　在 Jenkins UI 中浏览 FindBugs 结果

尝试修复几个警告并再次运行构建。这一次,你有了多次构建,Jenkins 将自动显示一个趋势图,用来显示警告的数量是如何随时间变化的。如果你能确保这个图形向下倾斜,就意味着你的 bug 数量在减少,这会成为你团队的一个很大激励! 图 2-12 显示了几个示例趋势图。

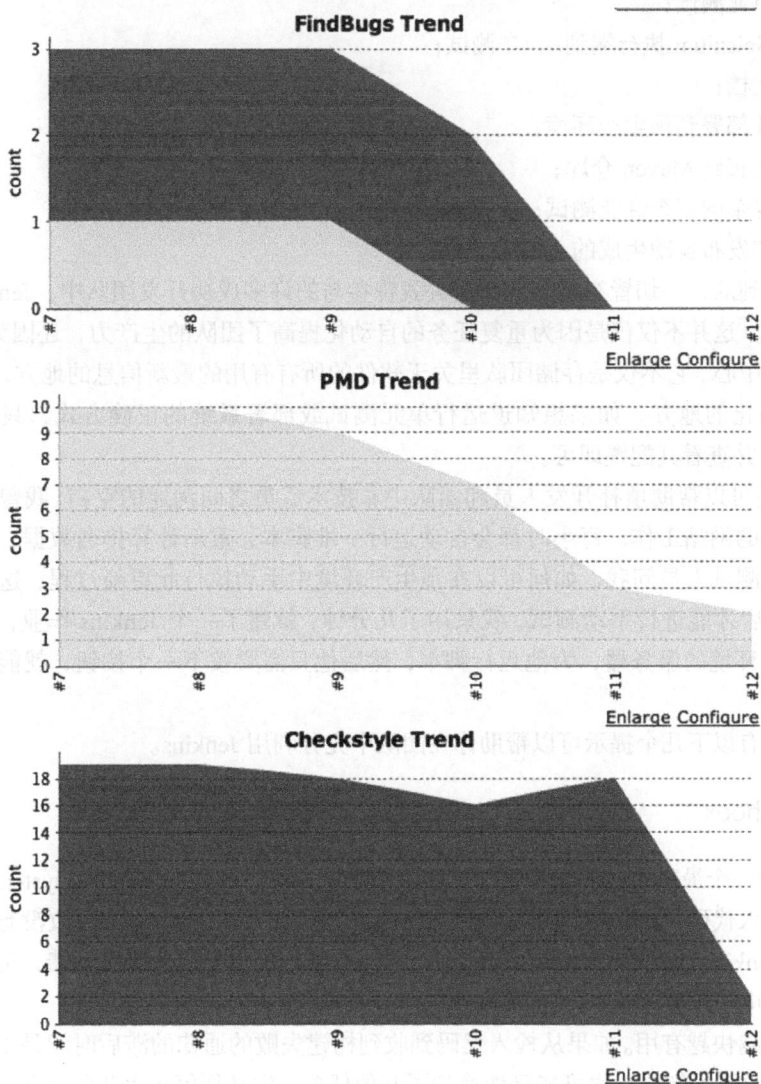

图 2-12 令人愉快的图形

## 2.4.4 还能用 Jenkins 做些什么

虽然已经体验了 Jenkins 的使用场景,但其实我们只是看到了它的表面。Jenkins 有庞大的插件体系，有运行任意 shell 脚本以及每个你曾听过的构建工具的能力，还有可以将构建链接到复杂工作流程的功能，Jenkins 的可能性真的是无限的。

下面只是一些我曾经成功地用 Jenkins 自动化的事情：

- 运行单元测试；
- 使用 Selenium 执行端到端 UI 测试；
- 生成文档；
- 将软件部署到预生产环境；
- 将包发布到 Maven 仓库；
- 运行复杂的多级性能测试；
- 构建和发布自动生成的 API 客户端。

就如你看到的，一切皆有可能。在过去我曾参与的许多成功开发团队中，Jenkins 是团队的核心成员之一。这并不仅仅是因为重复任务的自动化提高了团队的生产力，还因为 Jenkins 可以作为一个通信中心。它不仅是存储团队里关于软件的所有有用的最新信息的地方，还是团队所有工作流程代码化的地方。如果想知道运行单元测试或部署系统的正确方式，只需打开相应的 Jenkins 作业，并查看其配置即可。

Jenkins 还可以帮助填补开发人员和团队中非技术成员之间沟通的空白。我曾经在一个显示各种排名数据的网站工作。每小时都会自动运行一堆脚本，重新计算排名数据，并对数据库进行更新。一个测试人员问我，如何可以在预生产环境中手动执行此更新过程，这样他就不必等待一小时，然后才能进行手动测试。我只用了几分钟，就建了一个 Jenkins 作业，用来通过 SSH 登录到预生产环境的服务器，为他运行脚本，然后他只需要按下一个按钮，就能够随时更新排名数据了。

最后，我有以下几个提示可以帮助你在团队中充分利用 Jenkins。

## 1. 版本控制 hook

Jenkins 的一个最重要的功能是它与你的版本控制系统（version control system，VCS）的集成。每次你检入代码，Jenkins 都应该能自动开始构建代码，以检查你的更改没有带来意外的副作用。如果 Jenkins 发现有什么不对的地方，它会通过让构建失败来提供反馈，可能还会给你发送一封愤怒的电子邮件。

这个反馈越快越有用。如果从检入代码到收到构建失败的通知的滞后时间是 10 分钟或 20 分钟，那么在你收到通知时，你可能已切换到了其他任务。你必须停止手头的任务，并将上下文切换回 20 分钟前所做的事情，并修复问题。

有两种方式可以减少这种滞后。一种是使构建本身更快（或者至少在有什么地方不对劲的时候使构建更快失败），另一种是减少构建启动所需的时间。如果你已将 Jenkins 设置为每 5 分钟轮询一次版本控制系统（VCS）的更改，那么从你检入代码到获得通知可能需要花费 4 分 59 秒的时间，这样非常浪费时间。

　　这里有一个简单的解决方案。你可以通过设置版本控制系统,在更改发生的同时告诉Jenkins,而非配置 Jenkins 轮询更改。它可以通过在版本控制系统中配置 hook 来完成。详细细节取决于你使用的特定版本控制系统的实现,但是大多数现代的版本控制系统解决方案都支持 Webhook 或类似的东西。

### 2. 备份

　　对于许多团队来说,一旦开始使用 Jenkins,它很快就会成为团队开发基础设施的支柱。正如任何其他的基础设施一样,对其制定故障和定期备份计划是很重要的。我在工作中使用的 Jenkins 实例中配置了成百上千的重要作业,所以我都不敢想象,如果有一天硬盘故障,而我们却没有备份这些数据的话,会出现怎样的混乱。

　　幸运的是,Jenkins 的所有数据都存储在 XML 文件中,因此它适合于备份。你需要备份的唯一文件夹是 JENKINS_HOME。(Jenkins 用户界面中的"系统信息"屏幕会告诉你它在哪里。)备份时,请确保排除 workspace 文件夹,因为它包含了所有作业的 workspace。它的大小取决于你正在运行的 Jenkins 作业的数量和规模,可能是几吉字节(GB)。

### 3. REST API

　　Jenkins 内置了强大的 REST API,这是非常有用的。我曾经不得不对大量作业的配置进行非常类似的改变。如果使用用户界面进行修改,那么将会非常乏味,所以我写了一个脚本来做所有的 grunt 工作,并利用 REST API 来更新作业的配置。

　　还有一个 Jenkins 命令行界面,它可以使常见管理任务的自动化变得轻而易举。

### 2.4.5　SonarQube

　　如果你对持续审查很感兴趣,除了 Jenkins 外,SonarQube 工具(www.sonarqube.org)也是很值得看一下的。SonarQube 是一个专用于跟踪和可视化代码质量的独立服务器。它有一个非常优秀的基于仪表盘的用户界面(在 http://nemo.sonarqube.org/有一个在线演示),它在收集所有代码质量数据并将其在一个地方显示方面做得很棒。

　　SonarQube 提供了很多数据并有很多有趣的组合,如果不小心,可能就会浪费很多时间浏览它们,所以我尽量避免过于频繁地检查它的内容。我倾向于使用持续集成服务器(如 Jenkins)来获取代码变更效果的快速反馈(如变更是否引入了一个新的 Find-Bug 警告),而较少定期查看 SonarQube,以跟踪代码质量的总体趋势或搜索下一个重构热点。

## 2.5　小结

　　■　值得注意的是,这些心理障碍可能会阻碍你理性地处理遗留代码库。

- 在开始重构之前，你应该有一个度量基础架构作为指导。利用数据来显示需要在哪里集中精力重构，并让这些数据来度量你的进度。

- 有很多免费工具可以帮助你。在本章中，我们讨论了 FindBugs、PMD、Checkstyle 和 Jenkins。

- 持续集成服务器（如 Jenkins）可以作为团队的通信中心。

# 第二部分

# 通过重构改善代码库

在第 2 章中，我们搭建了代码审查的基础设施，现在我们准备开始重建我们的遗留软件。

第 3 章将关注一个非常重要的决定，即是应该重构代码库还是应该把它扔掉从头开始重写。这个决定往往是有风险的，因为它是在项目开始时做的，而这个时候我们并没有太多的信息来指导我们做出这个决定，所以我们也会探讨如何通过较渐进的方式来降低风险。

第 4、5 和 6 章将具体讨论 3 种重建软件的选项：重构、重搭架构和大规模重写。在某种意义上说，它们是彼此的变种，只是应用在不同的规模上。重构是在方法和类层面的调整，重搭架构是在模块和组件层面的重构，而大规模重写则是在可能的最高层面的重搭架构。

在第 4 章中，我将介绍一些我以前常常使用的或看过别人成功使用的重构模式。在第 5 章中，我将讨论一个案例——将一个单体 Java 应用程序分解为若干个相互独立的模块，同时会对比单体应用和微服务的优劣。最后，在第 6 章中，我会分享一些可以用于成功重写大型软件的技巧。

# 第3章 准备重构

在本章中，我们将解决一些非技术问题，这些问题是你在实际代码库上进行重大重构时经常会遇到的。在理想世界中，你有完全的自由和无限的时间，可以精心编写漂亮的代码，但软件开发的事实却往往需要妥协。当你在一个团队中工作时，这个团队也是一个更大的组织的一部分，而这个组织又会有自己的计划、目标、预算和截止日期。想要就什么是最好的实现方法，在你的工程师同事和非技术利益相关者之间达成共识，你得好好磨练你的谈判技能。

之后，友情提示一下，重构时要始终记得组织的目标。换句话说，不要忘记谁在付你薪水！只有当你能证明它能为企业提供长期的价值时，才应对它进行重构。

在开始一个重大的改进项目之前，我们需要回答的一个重要问题是：应该重构还是应该重写？如果只是重构，能真正地将软件的质量提高到一个可接受的水平吗？或者这个代码到目前为止，全新重写是更明智的选择？这是你和你的团队最终必须自己回答的一个问题。我会尽力提供指导，帮你做出决定。我还会探讨一种能减少完全重写中的固有风险的混合方法。

---

**Site 的故事**

警告：本章将讨论的技术内容比较少，而更倾向于抽象的概念。为了回到现实，我将在整个这一章中提到一个我曾经维护、重构并最终帮着重写的实际的遗留应用程序，让我们简单地称它为 Site。

Site 是一个用原生 servlet 和 Java Server-Pages（JSP）构建的、以 SQL DB 为后端的大型 Java Web 应用程序。当我加入那家公司时，它已经使用了大概 10 年了。该公司的主要产品是一个门户网站，包括大量的服务和各种大小、各种流行程度的小网站，而 Site 是几个主要小网站的门户。

## 3.1  达成团队共识

如果你打算进行实质性的重构，那么你不会想自己一个人做。如果可能，整个团队应该共同进行代码更改、评审彼此的工作并分享从重构中收获的信息。即使团队的其他成员忙于其他工作，而由你来做大部分的重构，你至少也需要他们通过评审你的更改来支持你。

为了实现这一点，你需要确保团队中的每个人都对项目有相同的理解，同意你想要实现的目标以及计划。在团队的目标和工作风格上达成共识可能需要一段时间，这在很大程度上取决于团队的沟通能力。创造一个以坦诚、公开的讨论和分享有用信息为标准的工作环境是至关重要的。

每个团队都是独一无二的，如何让你的团队沟通取决于你的团队成员。让我们来看看你在团队中可能遇到的几个角色，以及如何让他们一起有效地工作。

在继续进行之前，首先澄清一下，这些是夸张的漫画，我们每个人身上可能都有一点儿他们的影子。比起图 3-1 中假想的角色，希望大多数开发人员都没这么极端。

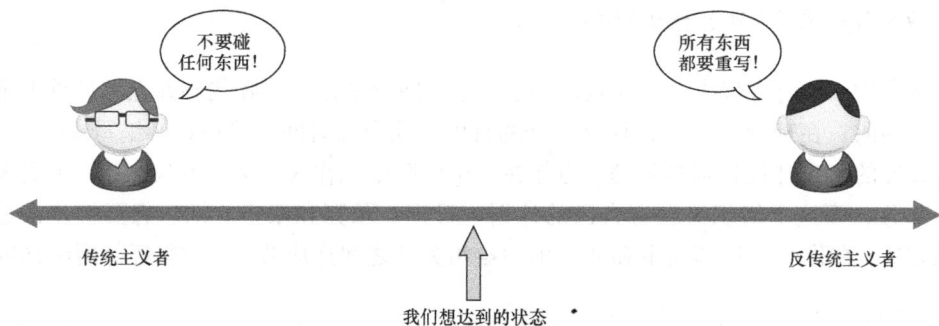

图 3-1  开发人员对遗留代码的态度图谱

### 3.1.1  传统主义者

传统主义者（traditionalist）是一个强烈反对任何形式变化的开发者。他们比其他人更不喜欢在那些笨重的遗留系统上工作，但同时他们认为重构会带来不必要的风险。"如果没有坏，就不要修"是他们的座右铭。也许是因为在遗留系统上的错误更改引起的回归问题让他们在过去频繁吃亏，抑或是他们一直在遗留系统上工作，并看到它数年都运行正常，所以不明白为什么突然就要更改。

传统主义者也可能认为重构会让我们的开发人员分心，这些人员应该做一些"真正"的工作，即添加功能和修复 bug。他们希望以最小的精力尽可能快地完成分配给他们的任务，他们没有看到通过改变代码库帮助他们实现这个目标有多大的必要。

下面有一些与传统主义者一起工作的方法，可以帮助他们与团队及其重构努力保持一体，并有希望说服他们认同从长远来看重构是值得的。

## 1. 结对编程

在你改善代码库时，让传统主义者与你结对是有用的。例如，在设置 FindBugs（如上一章所述）之后，你们可以一起修复特定的 FindBugs 警告。如果你可以找到并修复一个严重的 bug，如潜在的空指针引用，那么这将是最令人印象深刻的。首先，展示一下空指针是如何发生的，然后演示一下如何通过添加一个是否为空的检查轻松地将它修复。最后，在提交了修复并且 Jenkins 运行了构建之后，你就可以展示 FindBugs 警告是如何消失的了。这应该能让传统主义者清楚地了解到 FindBugs 是用来干什么的，并让他们有信心和动力来处理这些 FindBugs 警告。

接下来，你们可以继续做一些简单的重构。如果你们有很多重复的代码片段，那么你们可以提取方法来替换它们。在此期间，你可以解释一下，这样做可以让新功能的开发和 bug 的修复更容易实现，且更不容易出错，因为现在你们只需要改动一个地方，而不是到处都要改。

人们一开始可能很难习惯结对编程。虽然有些人认为它像水对于鱼一样重要，但传统主义者要尝试起来可能还是会比较犹豫。这是完全可以理解的，你要做的最糟糕的事情就是强制不喜欢结对编程的人去尝试结对编程。慢慢来，一开始也许只结对 15 分钟，然后尝试着慢慢延长时间。

传统主义者可能对完成自己的工作更感兴趣，所以开始的时候你可以让他们当"驾驶员"（driver），你当"领航员"（navigator）。让他们继续修复 bug 或继续做任何他们正在做的工作。同时，你可以帮他们查找文档，给他们正在编写的代码写测试，或者建议他们采用一些其他的编写代码的方式。

> **Site 的故事**
>
> 负责维护该 Site 的团队非常接近于图 3-1 中的传统主义者。例如，当我加入团队时，他们已经很多年没有升级过应用程序的依赖了，因为他们担心升级可能会带来副作用。团队内也缺乏沟通，每个开发人员对他们身边的同事正在开展的工作知之甚少。
>
> 为了解决这两个问题，我开始使用 Jenkins（如第 2 章所述）设置持续审查，然后制定代码评审策略，最终将结对编程引入团队。
>
> 总的来说，结果是相当好的。现在，团队成为了 Jenkins 的重度用户，并将代码评审当作理所当然的事情。结对编程并没有很好地被接受，最终我也停止了对它的推行，但我觉得，它让开发人员比以往沟通得更多了，即使他们没有在结对。

## 2. 解释技术债务

如果传统主义者看不到重构遗留系统的好处，并且认为系统现在的工作状况很好，那么可能有必要向他们解释一下技术债务的概念。

**技术债务**  将软件项目中未解决问题的累积比喻成技术债务——这个想法最早是由维基的发明者 Ward Cunningham 提出的。

　　最有可能的是，传统主义者已经在这个系统上工作了很多年，所以他们并没有注意到累积的技术债务已经渐渐放慢了他们前进的脚步。每次快速而取巧的实现，每次复制粘贴代码，每个只能满足当前要求的 bug 修复，都是一个新的技术债务，这些都增加了团队必需支付的"利息"。换句话说，每当团队想对代码库做点改动的时候，他们都不得不花费大量不成比例的时间来绕过代码库中的那些怪异之处，他们无法只做实际要做的事情。但是因为这是一个逐渐积累的过程，所以如果你每天都在相同的代码上工作，就很难注意到它的发生。有时，需要一双崭新的眼睛，才能看到项目里像冰山一样隐藏在水面下的问题。

　　如果有一些确实的数据，这是很容易看出来的。如果一直在记录问题跟踪系统中 bug 发现和修复的时间，请试试比较一下，几年前修一个 bug 的时间与现在修一个类似 bug 需要的时间，很可能你就能找到证据证明开发的速度正在下降。

　　当然，技术债务不只会影响开发速度。累积的技术债务还会对项目的灵活性产生不利影响。例如，假设你们最大的竞争对手刚刚在其产品中添加了一个闪亮的新功能，这让你的老板慌了神了，他来问你要花多长时间才能在自己的产品中加上类似的功能。你和团队坐下来开始设计，但你们发现，鉴于现有代码库的复杂度和脆弱性，添加这一功能实际上是不可能的。这当然不是你老板想听到的，但它确实是累积的技术债务的直接后果。

## 3.1.2　反传统主义者

　　反传统主义者（iconoclast）是厌恶遗留代码的开发人员。不把代码库里面的每一个文件都改好，他们是不会满足的。他们无法忍受写得不好的代码，但在他们的字典里，写得不好的代码往往指的是别人写的代码。

　　讽刺的是，反传统主义者有时也是一个教条主义者。例如，如果他们恰好是测试驱动开发（TDD）的热心追随者，那么他们可能会把用 TDD 重写整个遗留代码库当作自己的个人使命。

　　显然，反传统主义者是热衷于提高代码的质量，这是一件好事，但如果不加以控制，允许他们进行流氓重构任务，他们是会造成破坏的。

　　即使做得正确，在本质上重构也是有风险的。每次改动代码，都有可能由人为错误导致 bug。当反传统主义者开始重写这些多到不可能被恰当地评审的代码时，那么很可能在某个地方出现回归问题。不用说，我们想通过重构实现的目标绝不是创造新的 bug。

　　过度重构和重写别人的代码可能会造成意想不到的社会影响和技术影响。当其他开发人员看到反传统主义者无情并随意地重写他们的代码时，这可能导致互相埋怨和团队士气的恶化。他们会变得不再愿意与反传统主义者沟通，因此团队中的知识分享也会减少。

　　下面有几种方法可以将反传统主义者的热情引导到更有用的活动当中，而不会对他们改进代码的动机产生负面影响。

### 1．代码评审

　　先定好规则：没有通过代码评审之前，任何更改都不能被合并到主分支（master branch）当中。然后清楚说明，你只会评审合理大小的更改，任何过大的改动都会被拒绝。在他们的更改被拒绝几次后，反传统主义者将很快学会把他们的改动分成更易于管理的代码块。

## 2．自动化测试

还有一条好的规则就是，所有的改动必须有自动化测试覆盖。不得不为每一个更改写测试将会减慢反传统主义者的横冲直撞，而且测试也有助于降低回归问题的概率，特别是如果结合代码评审的话。当然不要忘了，测试代码和生产代码一样需要评审。

## 3．结对编程

就像对传统主义者一样，结对编程对于反传统主义者同样有效。让反传统主义者作为"驾驶员"进行重构，你作为"领航员"引导他们去重构最有用的代码，并防止他们花费过多时间重构代码库里面不重要的部分。

## 4．划定代码区域

当谈到重构时，并不是所有的代码都是一样的。对团队而言，代码库里的某些组件比其他组件更有价值，而某些组件也会比其他组件风险更大。例如，通过重构改进（让代码可读性更好，更容易维护和扩展）代码库中经常更新的部分比重构一段计划中要被替换掉的代码更有价值。类似地，重构一段小的、自包含的代码比重构那些被许多其他组件所依赖的代码风险更小，因为由此引入的任何回归问题对整个系统的影响都会更小。

决定是否要重构以及如何重构一段给定的代码，需要理解它带来的价值和风险之间的平衡，而这可能正是反传统主义者们所缺少的。作为一个团队来讨论代码库里的哪些区域是最重要的、哪些是最危险的，可能有助于反传统主义者把他们的精力放到更有用的、风险更低的重构当中。

> **Site 的故事**
>
> 说实话，我是维护 Site 的团队中最反传统的成员，我引入了代码评审部分的原因就是为了帮我自己。遇到那些堆积如山的代码需要重构时，我是很绝望的。但我知道，过度的重构可能会带来危险。我引入了代码评审策略，以便让开发人员可以检查我的更改，也能让我自己有意识地慢下来。

## 3.1.3　一切都在于沟通

想要就团队目标和重构计划达成共识，目前最重要的因素是有一个沟通良好的团队。许多开发团队都发现，即使团队成员在同一个办公室工作，并且每天互相交流，想要就他们工作的代码进行有效的沟通也会异常困难。

虽然每个团队都是独一无二的，而且没有银弹[①]可以解决人们的沟通问题，我还是希望给大家介绍一些我以前用过的技术。

---

① "银弹"的英文为 silver bullet，意为一种可以解决所有问题的方法。——译者注

### 1．代码评审

虽然代码评审通常被认为是检查代码中的错误的一种技术，但它也有几个其他好处，可以说同样重要。

首先，这是参与评审的人分享他们知识的机会。例如，评审人员可能会指出，代码的输入验证逻辑虽然正确，但与代码库其他地方的验证方式不一致；又或者他们可能会建议用一种比现在的代码更高效的算法来进行数据处理。

其次，它允许代码作者向团队的其他成员展示他们写的内容。这使得每个人都能知道什么样的代码被添加到了代码库中，这有助于减少不必要的代码重复。如果我在评审中看到有人写了一个工具类来做数据缓存，那么我可能会在以后的代码中复用这个类。如果没有代码评审，我可能都不知道这个类的存在，那最终我就得自己写一个类来做同样的事情了。

### 2．结对编程

结对编程是两个开发人员并排坐在一起编写代码，这是一种很好的让人们沟通的方式。比起更加正式的代码评审，它实时对话的天然属性可以让思想的交流更不受限制。

反过来说，结对编程是极其耗费精力的！我发现，这样被人注视着写代码的压力让我通常只能承受一两个小时。相对来说，有些人比另外一些人更喜欢结对，有些结对的工作效果比另外一些结对的好，所以最好是将是否要结对以及如何结对的决定权留给单个开发人员。根据经验，任何强制执行结对编程的尝试都可能以失败告终。

### 3．特殊活动

任何正常工作程序之外的活动通常都能很好地增进沟通。这种活动可能是黑客马拉松，可能是定期的研究会议，也可能只是偶尔下班后一起喝一杯。

我以前工作的一家公司有一个每两周一次的活动，叫作技术讲座（Tech Talk）。这是一个一小时的活动，通常在星期五下午，开发人员可以演示任何种类的技术，无论是否和工作相关。演示时间很短（大概为 5 ~ 20 分钟），气氛非常悠闲，所以大家没有需要投入大量努力去准备幻灯片的压力。这个活动取得了巨大的成功，不仅受到工程师、设计师和测试人员的欢迎，甚至来自附近公司的朋友也会偶尔参加。

## 3.2 获得组织的批准

一旦你和你的团队就想要重构什么以及如何重构达成一致，就是时候让组织里的其他人参与进来了。

### 3.2.1 使它变得正式

重构很容易让人觉得是可以轻松完成的：只是在调整已经写好的代码，所以它不应该花那么长的时间；一次只需要做一点，任何有一小时空闲的时候都可以。

但实际上不是这样的。虽然为了让你的代码能保持良好的状态，你的确应该每天都对代码进行微小的重构，但这种工作方式是不会扩展到更大规模的重构的。如果要对遗留系统进行重大的改进，甚至是完全重写，你是需要专门的时间和资源的。

你也可能会发现自己不得不说服穿西装的人，让其了解：重构是一件有价值的事情，它符合组织的利益。根据定义，重构旨在保留系统的现有行为，换句话说，它不会增加任何新的功能，甚至不会修复 bug。这可能使业务方的利益相关者难以理解重构的价值，从而使他们不愿意为其分配资源。

你必须利用你的外交技能，向业务方的利益相关者解释为什么重构能为组织带来长远的价值。但不要指望一次就能达到目标，你可能需要尝试好几次。即使你可以说服他们为重构分配资源，也要准备好管理层在项目截止日期即将到来时抽调人手、取消（像重构这样的）低优先级的任务。

即使重构不直接产生任何新的功能，也并不一定意味着它不能带来任何业务价值。在开始项目之前识别出预期的业务价值很重要，要尽可能地清晰明确。例如，你关于价值的提案可以像下面这样。

这个重构项目的目标是：
- 使未来实现新功能 X 成为可能；
- 将功能 Y 的性能提高 20%。

这不仅能帮你与利益相关者协商分配资源，还能确定项目的范围，并且作为你和你的团队跟踪进度的参考。你应该把它打印下来贴在办公室的墙上，纹在你的额头上，写一个机器人，每天提醒你一次……对项目高层次目标的这样的提醒将有助于防止几个月下来不可避免的功能变化。

注意，在前面的例子中，我提到了特定的功能 X 和 Y，而不是仅仅声称重构可以更容易实现任何新特性。对业务利益相关者来说，与准备中的新功能相关的目标，比关于改进代码质量或可维护性的模糊断言，要有用得多。如果你已经被要求实现功能 Z，也许你可以提议在开始实现之前，先分出一个阶段来做初步重构，以便更容易实现该功能。（将项目分为两个阶段，比起同时实现新功能和重构，通常更容易，也更不容易出错。）

**Site 的故事**

在大约 6 个月日复一日的重构之后，代码质量的提升陷入停滞，我决定使用一种更加激烈的方式。我开始了一个新项目，使用新技术从头开始重写 Site 的一部分。不幸的是，为项目设定明确的目标是我做得十分失败的一件事情，因此项目的规模激增。重写最终花了一年多的时间，并牵涉到了多个团队和系统。

## 3.2.2 备用计划：神秘的 20% 计划

如果计划的重构相当小，那么让它变成一个正式的流程就会太过繁琐。在这样的情况下，直接去做而不是去纠结业务价值或技术细节往往来得更快。一个好的经验法则是，如果重构可以由一个开发人员在不到一周内完成，那么就可以用这种方法。

神秘的 20% 项目的想法很简单。

（1）开始重构，无需事先得到授权。

（2）一次只做一点，确保不在它上面花太多时间，以免干扰其他工作。（这是名称中"20%"的含义——目标应该是在这上面花费不到 20%的时间。）

（3）一旦有了值得分享的结果，就可以揭开秘密，并把工作开放给团队评审。

（4）接受同事的赞美，并根据他们的反馈改进你的工作，直到整个团队对质量感到满意。

当然，并不需要真正去保密，开发人员之间相互隐藏信息并不是一个健康的团队的标志！相反，其关键在于，了解清楚所有事实之前的过度讨论有时会妨碍项目的进展，而构建一个有效的原型然后对其评审可以是一个更快的前行方式。

当我的团队决定将一个大型代码库的版本控制系统从 Subversion（SVN）迁移到 Git 的时候，我曾用过这种方法。当时团队对 Git 不是很熟悉，所以对迁移的难度和风险不太确定。团队举行了很多会议和讨论，并且谣言四起，例如，Git 将无法处理我们非 UTF8 编码的源代码，或者超过几年的提交记录将会丢失。这些谣言引发了更多的讨论，例如古老的提交记录的丢失是否真的是一个问题。

事情进展缓慢，当团队开始不停地开会讨论的时候，我决定是时候把事情交给我自己来做了。经过几天的研究和试验，我成功地在自己的机器上将 SVN 代码库迁移到了 Git（使用 svn2git 工具），我还设法让 Git 连接到了我们的问题跟踪器和 Jenkins 服务器。这比预期的容易，而且证明了所有悲观的谣言都是假的。在我向团队展示了我的结果后，他们不再恐惧了。接着，在对脚本做了少许改良之后，我们就准备执行真正的迁移了。

## 3.3   选择重构目标

正如我们在前面讨论反传统主义者时提到的，并不是所有的重构都是一样的。大多数重构可以依据 3 个坐标轴来分类：价值、难度和风险。

价值是用来衡量重构对团队多有用以及间接地对整个组织多有用的度量。例如，想象一个用于发送电子邮件的脚本，它有 2 000 行令人费解的 Perl 代码，是在许多年前由一个 Perl 专家写的，然而他现在已经离开公司了。在大多数情况下，它能工作正常，但每隔几个月我们都得找一个志愿者，来给它添加新的功能。这段代码不会给团队带来太多麻烦，所以它不会成为高优先级的重构任务。

现在想象软件的构建脚本出错了，每次开发人员要编译代码时，都只能手动将文件从一个目录复制到另一个目录。因此修复这个问题显然应该比重构邮件脚本的优先级更高。

当然，难度是用来衡量进行一个指定重构任务的难易程度的度量。删除没有用的代码和拆分长方法是相对容易的任务，而更大的重构（如移除一大块全局状态）则需要更多的努力。

风险通常取决于依赖这段要重构代码的其他代码的数量。依赖于它的代码越多，更改导致副作用的可能性就越大。

我建议可以关注一些标准类型的重构。你应该能用第 2 章中收集的数据（如 FindBugs 警告），来帮忙找到它们。

■ 容易实现的目标（风险=低，难度=低）——这是很好的起点。

■ 痛点（价值=高）——如果能修好足够数量的这类问题，你会成为团队中的英雄！

图 3-2 显示了这两种类型的重构在价值、难度和风险这 3 个坐标轴上的位置。

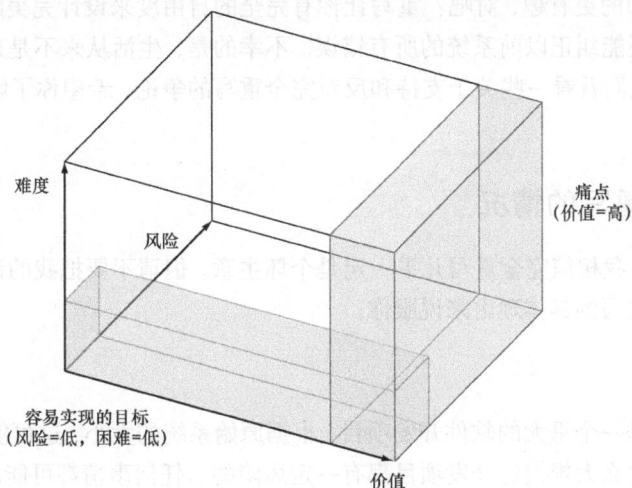

图 3-2　痛点和容易实现的目标

# 3.4　决策时间：重构还是重写

在你决定重整遗留软件的一部分时，你和你的团队需要做出的最重要的决定便是：是重构还是重写。用重构的方法能将代码质量恢复到合理的水平吗？或者，抛弃现有代码从头开始重写会更快、更容易吗？

**重构、重写或替换**

你可能已经注意到了，我给了你两个选项，这是不对的。事实上，当你想改进或替换遗留软件的一部分时，重构和重写并不是唯一的选择。

在你承诺用自己的解决方案解决一个问题之前，请记住，你编写的每行代码都需要被维护很多年。请确保你彻底研究了用第三方的解决方案（商业的或者开源的）来替换内部软件的可行性。在维护成本方面，最好的代码就是没有代码，正如 Jeff Atwood 在《The Best Code is No Code At All》这篇博客里面解释的：http://blog.codinghorror.com/the-best-code-is-nocode-at-all/。

许多内部软件之所以存在，是因为在开发时并没有第三方软件可供选择。但是自那时以来市场可能已经发生了巨大的变化，例如，许多网站使用本地生成的网页浏览跟踪系统，在每个网页上放置信标（通常用的是<img>标签）。跟踪系统可能会包括一些用于解析 Web 服务器日志文件的脚本，一个用于存储解析事件的数据库，以及更多用于查询这个数据库、计算聚合并产生各种报告的脚本。

所有这些加起来是很多需要维护的代码。有可能在系统刚开发时这是一个合理的解决方案，但现在如果你要建一个类似的网站，你很有可能会使用一个第三方系统，如 Google Analytics。因为它托管在 Google 的服务器上，所以几乎不需要你来维护，而且它能提供远远超过你本地脚本的功能。

假设你已经决定不使用第三方解决方案，那你通常会选择重写。毕竟，从头开始写一个全新的系统比重构一个旧的更有趣，对吧？重写让你有完全的自由度来设计完美的架构，而不受现有代码的影响，并且还能纠正以前系统的所有错误。不幸的是，生活从来不是这么简单的，重写也有很多的缺点。让我们看看一些关于支持和反对完全重写的争论，希望你了解这些信息后可以做出知情公正的决定。

## 3.4.1   不应该重写的情况

开门见山地说：我相信完全重写几乎一定是个坏主意。但请不要把我的话当作真理，让我用下面这些关于反对重写的具体理由来说服你。

### 1. 风险

重写遗留系统是一个重大的软件开发项目。根据原始系统的大小，这可能需要几个月甚至几年才能完成。所有这么大规模的开发项目都有一定风险的。任何事情都可能出错。

- bug 的数量可能会多到让人无法接受的程度。
- 即使软件稳定并且没有 bug，它的功能可能也跟用户想要的不一致。
- 项目可能需要比原计划更长的时间来完成，导致其超出预算。
- 有可能项目进行到一半，你才发现这个架构基本上是不可行的，并最终放弃你到目前为止写的所有代码。
- 更糟糕的情况是，可能直到向用户发布软件，你都没能意识到这些架构上的问题，并最终发现它在负载下是完全不稳定的。

这些风险是所有软件项目都有的，虽然有些软件开发的最佳实践可以帮助我们减少这些风险，但不可否认的是，它们的确存在。相比之下，对现有代码库进行更改的风险要小得多。现有系统可能已经在生产环境中运行多年，所以你会在一个已经被证明可以信赖的系统的基础上工作。

如果你从业务利益相关者的角度来看重写，它也没有足够的吸引力。一般来说，重写的系统的功能与旧的系统差不多，所以这是一件有着巨大风险，却没有特别明显好处的事情。

除了上述例子之外，对现有系统的重写还有其自身的特定风险：回归的风险。现有的软件在程序源代码中隐含了整个系统的规范，包括所有业务规则。除非你能保证找到每一条业务规则并准确地将它们移植到新系统中，否则系统的行为将随着重写而改变。如果这种行为的变化对于一个最终用户是至关重要的，那你手上的这个就有一个回归问题。

现有源代码的价值还包含了多年的 bug 修复，如果想避免回归问题，就需要找到、理解并移植它们。如果不够小心，可能会犯同样的错误——那些很多个月前开发人员写原始软件时就犯过的错误。

例如，开发人员通常只考虑代码的主逻辑（happy path），并不能为错误情况提供足够的处理。想象你正在重写一个系统，要对远程服务进行 API 调用。原始系统的开发人员从来没有考虑过远程系统需要很长时间来响应的情况，因此他们没有向网络请求添加超时处理。几年后的一天，这种情况真的在生产环境中发生了，这让他们添加了超时处理。现在，如果你犯了他最开始的错误，忘记在新代码中包含超时处理……那么恭喜你，你导致了一个回归问题。

一个 10 年前首次引入并在 5 年前成功修复的 bug，可能会由于重写而卷土重来，这是值得深思的。

重构也会导致回归问题，但风险通常较低。在重构中，对现有代码库执行一系列小的、明确定义的转换时（其中一些将在下一章中讨论），遵守重构的纪律在理论上应该能保留软件的行为。在重构的每个步骤之后，你都可以停下来进行代码评审，并运行自动化测试，以便确保在继续下一轮之前行为没有更改。另一方面，在重写的时候，你是从零开始试图建立一个能完美模拟原始软件行为的系统。你认为是拿西斯廷教堂的天花板和一些周围的壁画交换容易呢，还是尝试从头开始重建米开朗基罗的手工制品容易？

## 2．开销

工程师们经常低估从头开始创建一个新软件项目所涉及的开销。要让一个软件能运行起来，有很多令人乏味的样板文件要写：构建文件、日志工具、数据库访问代码、帮助读取配置文件的实用程序，以及许多其他的细节，当你在一个已经成熟的项目上工作时，是从来不会真正注意到这些事情的。当然，你可能会使用各种开源库来处理这些东西（例如，你可能会使用 Logback 作为 Java 项目的日志库）。但是配置这些库，为它们编写包装和帮助工具，并将它们全部连接在一起是需要时间和精力的。举个例子，如果你使用 Spring MVC 构建一个 Web 应用程序，为了让 Spring 启动并运行起来，很容易浪费一整天的时间来设置各种 XML 文件和程序化的配置。

从要被替换的代码库中借用代码，可以减轻编写样板代码的负担。如果你计划复用同一个数据库，你可以直接从旧的项目中拿到数据库访问代码和模型类，并混合使用桥接、包装和适配器来把它们塞到新的代码库中。作为一个临时措施，这是很有用的，能让你快速起步，好投入到更有趣的工作中。但是你总应该制定一个计划，稍后去移除或重构这段代码。如果你永远不会重构这段遗留代码，或者如果你发现自己将大量的旧代码移植到了新的代码库中，那么你可能正在做一个伪装成重写，但实际上是一个非常迂回且低效的重构。

还有一系列管理相关的任务需要执行，例如，在问题跟踪系统上注册新项目，在持续集成服务器上设置作业，可能还要创建新的邮件列表。如果软件是一个服务，如一个网站或后端系统，那么还有各种与运维相关的工作要做：你需要准备一个机器来运行这个服务，设置数据库和缓存，写部署脚本，设置监控，添加运行状况检查的 API，管理日志文件，整理备份……这个清单的长度令人惊讶。哦，不要忘了，你可能需要在三四个不同的环境中做这些事情！

还应该记住的是，一个新服务的运营成本是持续性的，而不仅仅是项目开始时的一次性投入。从长远来看，至少在你完全关闭旧系统之前，你都会有一个额外的系统要维护、监控并保持它顺利运行。

## 3．任务总是超出预期时间

即使考虑到刚刚描述的开销，并考虑到开发人员大大低估了所需工作量的倾向，重写仍然总是会超支。

　　估计软件项目的规模是非常困难的，而且项目越大越困难。我的一个同事曾对这个问题做过一个有趣的可视化比喻。如果我给你一个标准的 A5 大小的记事本，问你它比 iPhone 大多少，你可能会猜一下并对你的答案有足够的信心。（我想说 A5 笔记本是三四个 iPhone 的大小。）现在重复这个实验，这次用电影屏幕而不是记事本来做比较，电影屏幕比 iPhone 大多少倍呢？1000 倍？还是 10000 倍？我不知道！

　　在这个比喻中，iPhone 是一个已知的，容易估计的工作单元，例如，一个开发任务需要一个工程师一天完成。记事本是一个很容易拆分成 iPhone 大小任务的小项目，而电影屏幕是一个更大的项目，如图 3-3 所示。该项目大到很难从一开始就看清如何将它拆分成具体的任务，或者这些任务有多大。

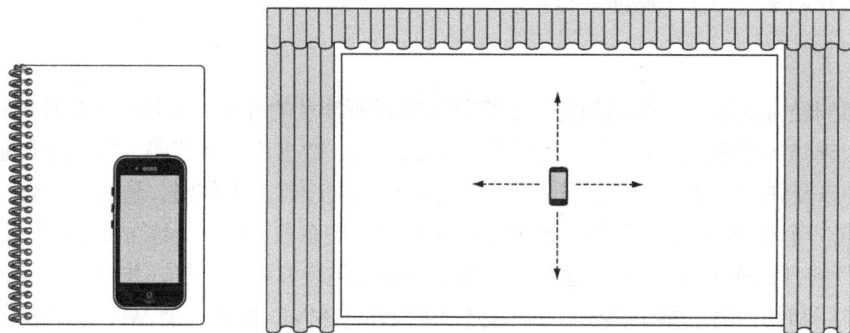

图 3-3　估计项目的大小：电影屏幕放得下多少个 iPhone

　　前一段时间，我将一个相当大的应用程序的 UI 部分从一个 Scala 的 Web 框架移植到另一个。我估计这需要两天，但实际上，它花了一个星期。花的时间比预期长的主要原因是它涉及大量的小任务。我低估了平均一个任务需要多长时间，从而我的估计误差被成倍地放大了。

　　因为重写通常是长期运行的项目，并且由于它们倾向于超限，项目时间甚至还更长，所以需要制定一个计划来处理新系统开发时在原始软件中发生的任何更改。这里有 3 个选择，但没有一个是理想的。

- 在整个重写期间，冻结原始软件的所有开发工作。这可能会使用户不高兴。
- 允许开发继续，并尽最大努力跟上不断变化的需求。这可能会大大减慢你的重写项目的进度，因为你瞄准的是一个移动的目标。
- 允许开发继续，但不要尝试在重写中实现任何更改。相反，针对项目启动时的需求进行开发，并跟踪所有需要实现的更改。一旦重写即将完成，冻结在原始软件上的开发，并将所有积压的更改移植到新版本。

　　重大的重构项目同样难以估计，因此也可能超支，但关键的区别是，从重构中更容易获得更多的好处。即使超支了，你决定在项目进行到一半的时候停下来，你可能也做了一些对代码库有用的改进。而完全的重写在完成之前，是提供不了任何价值的，所以一旦你投入进去，就必须痛苦地坚持到结束，即使它超支了。

## 4. 绿地不会常青[①]

很多重写都倾向于下面这样。

（1）始于全新的、干净的设计和组织良好的模型，没有在遗留代码中积累的糟糕的实现。

（2）实现一些功能之后，开始认识到你的模型不能像你预期的那样工作。它太抽象了，需要很多样板代码，所以你添加了一些辅助代码来处理一些常见的情况。

（3）还记得那个所有人都说不再需要的疯狂、晦涩的功能吗？事实证明，一些用户仍然依赖于它，所以你必须增加对它的支持。

（4）偶然之间，你在数据库中发现了一些据你所知不可能存在的数据。经过一番调查，你发现它是由几年前修复的一个 bug 造成的。即使它不应该存在，你也需要为它增加一个检查。

（5）退一步，将你的实现与你要替换的代码比较一下。在很多时候，你会发现他们是非常相似的。

实际上，第一眼看上去似乎是"糟糕实现"的代码，事实上通常是"复杂的需求"，很难做得更好。

## 3.4.2 从头重写的好处

当然，比起重构，从头重写软件也是能带来一些好处的。

### 1. 自由

从头开始编写新代码可以让你自由地改掉一些本来没法更改的代码——那些在原来的代码库中你害怕去碰触的部分。从心理上来讲，在明知道可能会导致回归问题的情况下去重构或者删除一段遗留代码，是非常困难的，而从头开始编写替代的代码则会少很多顾忌。

我曾在一个网站上工作过，在开发人员的眼中，它的认证逻辑是出了名的复杂和脆弱，没有人敢碰它，怕引起回归问题。除了删除用户数据以外，能对网站造成最坏的影响的问题基本上就是引入一个用户身份认证的 bug、导致网站无法登录了。但是当我们来重写网站时，实际的身份认证规则竟然是相当简单的。现有代码中很多复杂的逻辑是与不再需要的旧规则相关的，但是只有我们从头开始重写才能发现这一点。有时，在遗留代码上工作时，很容易一叶障目，不见泰山。

在更广泛的层面上，从头开始编写，可以避免被现有代码过度地影响。当你在现有代码库的范例中编写代码时，自然会受到周围代码的设计和实现的限制，无论是好是坏。我曾经在一个遗留的 Java 应用程序上工作，这个程序大量使用了一个所谓的上帝类、一个充满静态实用方法的 3 000 行的怪物。当在这个程序中添加新代码的时候，几乎不可能避免使用这个类，即使我每次引用它都掉眼泪。这也很容易让人继续向上帝类中添加更多的神，现有的设计使它几乎不可能以任何其他方式写代码。

---

① 原文 greenfield，指从零开始构建软件。——译者注

## 2．可测试性

很多遗留代码只有很少的自动化测试，并且在设计时没有考虑过可测试性。一旦代码写好，就很难补充增加可测试性，所以为遗留代码编写测试可能需要耗费开发人员大量的时间和精力。

另一方面，从头开始写的时候，你可以从一开始就把可测试性放到设计中。虽然对于单元测试的真正价值，以及应该允许可测试性对设计有多大的影响，是有很多争论的余地的，但是让你的代码可以按你的方式进行测试的自由是非常有用的。

在第 4 章中，我们将更详细地讨论如何在重构遗留代码时进行测试。

## 3.4.3   重写的必要条件

鉴于前面的利弊，并基于个人经验，我强烈建议把重构当作默认的方式。开始一个新项目带来的大量的风险和开销往往超过它能带来的潜在的好处。但是总有某个时候——单独使用重构无法拯救代码库，这时重写就成了唯一的选择。我认为在考虑重写时，必须同时满足两个必要的条件。

## 1．尝试过重构并且失败了

在尝试重写之前，重构应始终是第一个选项。一些遗留代码库比其他代码库更适合重构，并且很难事先就知道重构可行的程度。最好的方法是深入代码进行尝试。只有在你花了大量的时间和精力去重构，却没有明显提高质量的情况下，才是开始考虑完全重写的时候。

即使最终选择了重写，首先尝试重构仍然是值得的。这是了解代码库的一个很好的方式，它可以为"如何最好地设计和实现替换系统"提出一些有价值的见解。

## 2．编程范型的转变

如果你已经断定技术的根本变化是符合团队和组织的最佳利益的，那么重写通常是唯一的选择。与重写相关的最常见的变化是实现语言的改变。例如，你可能想要将 COBOL 大型机应用程序移植到 Java，因为 COBOL 工程师变得太稀少太昂贵了；或者，你的公司可能正在从诸如 Spring MVC 之类的技术迈向更为轻量的框架（如 Ruby on Rails），以期提高开发人员的生产力。

> **Site 的故事**
>
> 在决定重写 Site 之前，我们认真考虑了很长时间。我们已经逐渐重构了大约 6 个月，并且代码质量有了显著改进。但开发仍然很困难，而且速度很慢。显然，我们需要采用激烈的措施，以使系统更易维护，并让我们跟上现代 Web 开发的步伐。
>
> 当时，Scala 编程语言在公司内部势头正猛。很多开发人员，包括我自己，对 Scala 和它承诺的生产力都感兴趣。我们断定，是时候重写 Site 了，并且 Scala 就是做这件事的正确工具。

### 3.4.4　第三种方式：增量重写

有时，你真的想至少部分重写一个应用程序，但是一个完全的重写承担了太多的风险，并且直到项目结束时的大切换之前都不能为业务提供任何价值。在这种情况下，是否可以增量地执行重写是值得考虑的。

> **第三条路**
>
> 　第三条路宣扬两个极端之间的缓和。针对我们的问题，重构风险低但能提供的益处有限，而完全重写虽有风险但更有用。如果我们能找到这两者之间的中间路径，那么我们就能得到两个世界里最好的东西。

基本的思想是将重写分成若干较小的阶段，但重要的是强调两点：

- 每个阶段都应该提供业务价值；
- 应该可以在任何给定阶段之后停止项目，并且仍然能获得一些好处。

如果能将重写的结构安排成这种方式，就能大大地减少面对的风险的数量。一个长达一年的整个的重写项目，需要业务利益相关者大量的信心和耐心，甚至可能以无数的方式失败。相比这种整个的重写项目，你现在有了一系列的一个月长度的小型重写，风险更低，也更易于管理。在每个阶段完成后，你都可以进行发布，为组织提供价值。开发人员获得闪亮新代码的速度也更快，所以他们也更高兴。

对传统的重写而言，一旦投入其中，就必须痛苦地坚持到最后。如果在中途停下来，就会浪费几个月的开发时间，而且通常还没有什么可以展示的。然而，将重写拆分为多个自包含的阶段能让你在最终完成之前停止项目，并且仍然会得到一些有用的结果。

分割重写的一种方法是将遗留软件分成多个逻辑组件，然后一次重写一个。下面举个例子来说明怎么做到这一点，让我们看一个虚构的电子商务网站 Orinoco.com。该网站是用一个单片 Java servlet 应用程序实现的，其主要功能包括：

- 清单——显示按类别组织的产品清单；
- 搜索——允许用户按关键字搜索产品；
- 推荐——用于决定向用户推荐什么产品的机器学习算法；
- 结账——付款、礼品包装、交货地址等；
- 我的页面——让用户查看自己过去的订单和推荐的购买；
- 身份认证——用户登录和注销。

**Orinoco**　奥里诺科河是南美洲最长的河流之一，这也是我最喜欢的 Womble（http:// en.wikipedia. org/wiki/The_Wombles）的名字。

因为该网站已经有一个自包含的功能的列表，所以根据列表中的每一行进行组件的拆分是有意义的，每个功能一个组件。注意，这种方法还允许你模糊重构和重写之间的界限。应用程序的某些部分可能比其他部分更好，因此一旦为每个组件明确定义了公共接口，就可以根据每个组件的情况来决定是重构还是重写了。

在这种情况下，我们通常会以面向服务架构（SOA）将一个单体网站架构重搭为一个前端服务和多个后端服务。我们将在第 5 章详细讨论这个方法，但是为了说明这里的这个例子，我们将保持单体设计。我们没有将其划分为多个服务，而是让每个组件有一个 Java 库（JAR），并且它们全部都在同一个 JVM 内运行。

表 3-1 展示了对 Orinoco.com 进行增量重写的前几个阶段的可能计划。

表 3-1 重写 Orinoco.com

| 阶 段 | 描 述 | 业 务 价 值 |
| --- | --- | --- |
| 0 | 初步重构。定义组件接口，将组件拆分为单独的 JAR | 清晰的接口能增加代码的可维护性 |
| 1 | 重写身份认证组件。更改密码的存储方式 | 更好地遵守数据安全法规 |
| 2 | 重写搜索组件。切换到不同的搜索引擎实现 | 搜索结果质量更好。用户更容易找到产品 |
| 3 | 重构推荐组件 | 可以更快地测试不同的推荐算法 |

可以以相同的方式一个接一个地处理其余的组件。只要利益相关者认为其能提供价值，项目就可以继续进行，并且各个阶段的顺序还可以根据业务优先级来调整。正如你看到的，对重写进行这样的拆分可以为利益相关者提供更多的把控。

**绞杀者模式**

在这一点上，一定要提及 Martin Fowler 的绞杀者模式（Strangler pattern），因为它与这里描述的增量方法有很多相似之处。在绞杀者模式的重写中，新系统围绕现有系统构建，截取其输入和输出，并逐渐承担越来越多的功能，直到最终原始系统静静地消亡。

对此，Martin Fowler 比我解释得好，可以直接到他的网站进一步阅读相关内容：http://martinfowler.com/bliki/StranglerApplication.html。

## 3.5 小结

- 改进遗留代码库必须是一个团队的努力，所以在开始之前，需要确保团队沟通良好并为实现共同的目标而努力。
- 不能为了重构而重构。它必须能带来业务价值，所有的利益相关者必须参与进来。该项目还应该有明确的目标，这样每个人都知道什么时候能完成以及是否成功。
- 对代码库的任何重大更改都应该依据价值、难度和风险进行评估。
- 作为经验法则，请按照以下顺序考虑你的选择：替换（购买第三方解决方案）、重构、重写。
- 逐步进行大的更改，一次更改软件的一个组件，而不是一次更改整个代码库。

# 第4章 重构

**本章主要内容**

■ 重构时遵守纪律的方法

■ 遗留代码中常见的坏味道以及除掉这些坏味道的重构技术

■ 使用自动化测试来支持重构

在本章中,我们来看看对抗遗留软件的最重要武器——重构。我将介绍一些用于有效重构的一般性技巧,以及我经常在现实世界的代码中使用的一些特定重构技巧。我们还将研究为遗留代码编写测试的技术,如果想要确保自己的重构工作没有破坏任何东西,这是至关重要的。

## 4.1 有纪律的重构

在开始研究具体的重构技术之前,我想先谈谈重构代码时纪律的重要性。当纪律被正确执行时,重构应该是完全安全的。你可以重构一整天,而不必担心引入任何 bug。但是如果你不小心,开始时的一个简单的重构可能会迅速失去控制,在你发现之前你已经编辑了项目中一半的文件,而且 IDE 里面充满了红叉。这时候,你必须作出一个令人痛心的决定:你应该放弃并回滚你半天的工作呢,还是继续努力让项目重新回到编译状态呢?即使你解决了这个问题,你也不能保证软件仍然能按原来的方式工作。

即便是不做这样的决定,软件开发人员的生活也已经很紧张了。那么让我们来看看如何避免陷入这种情况。

### 4.1.1 避免麦克白的悲剧

> 我已经两足深陷于血泊之中,
> 要是不再涉血前进,
> 那么回头的路也是同样使人厌倦的。
>
> ——麦克白,第 3 幕,第 4 场

当麦克白说出这些话的时候，他已经把他心爱的国王邓肯、两个无辜的卫兵和他最好的朋友班柯杀死了。他在挣扎是该停止屠杀，还是应该继续把所有的敌人都杀掉。（最后，他选择了后者，当然，他选错了。）

现在，如果我理解正确——这可能会让读者当中研究莎士比亚的学者们感到相当震惊——这部苏格兰戏剧实际上是一个关于无纪律重构的寓言。麦克白，收到了项目经理（也就是他的妻子）麦克白夫人提的一个功能请求，以一个简单的目标开始——移除一个全局可变状态，也就是国王邓肯。他做到了，但同时发现了一些隐含的依赖，也需要重构。麦克白试图一次解决掉所有的这些问题，导致修改过度，重构很快就变得无法继续了。最后，我们的英雄受到树木的攻击并被斩首，这恐怕是我能想象到的一个失败的重构能导致的最糟糕的结果了。

那么，我们能做些什么来避免像可怜的麦克白一样呢？让我们来看几个简单的技巧。

## 4.1.2　把重构和其他的工作分开

你常常会在正打算要做一件别的事情的时候，发现有一段代码的重构时机成熟了。你可能已经在自己的编辑器中打开了这个文件，准备修复 bug 或者添加一个新功能，但是随后你决定自己也可以同时重构这段代码。

例如，想象有人要求你对下面这个 Java 类进行更改。

```java
/**
 * Note: This class should NOT be extended -- Dave, 4/5/2009
 */
public class Widget extends Entity {
    int id;
    boolean isStable;

    public String getWidgetId() {
        return "Widget_" + id;
    }

    @Override
    public String getEntityId() {
        return "Widget_" + id;
    }

    @Override
    public String getCacheKey() {
        return "Widget_" + id;
    }

    @Override
    public int getCacheExpirySeconds() {
        return 60; // cache for one minute
    }

    @Override
    public boolean equals(Object obj) {
```

```
            ...
        }
    }
```

Widget 的需求修改了，Widget 的缓存过期时间需要依赖于其 isStable 标志的值。相应地，你被要求更新 #getCacheExpirySeconds() 方法中的逻辑。但是，当你看到这段代码时，你注意到了一些你想重构的东西。

- 有一个叫 Dave 的家伙加了一条注释说，这个类不应该被扩展，那为什么不把它标记为 final 呢？
- 字段是可变的，并且它们具有包私有（package-private）可见性。这是一个危险的组合，因为这意味着其他对象可能会改变它们的值。也许它们应该是 private 并且/或者是 final 的？
- 在各种 ID/key 生成方法之中存在冗余。ID 生成逻辑可以被抽出来放到一个地方。
- 这个类重写了 #equals(Object) 方法，但是没有重写 #hashCode()。这样做很不好，会导致一些很奇怪的 bug。
- 没有注释来解释 isStable 标志的含义，最好加一个。

实际上缓存过期逻辑的修改非常简单，因此很容易将其与重构结合起来。不过要小心！上面列出的一些重构可比它们乍看起来要更复杂。

- 即使 Dave 说我们不应该扩展 Widget，但也许有人已经做了。如果项目中任何地方有 Widget 的子类，那么将其标记为 final 会导致编译错误。你必须逐个检查这些子类，并决定该怎么处理它们。到底是可以扩展 Widget 呢，还是应该修改这些子类以移除继承关系？
- 那些可变字段呢？真的有人改变它们吗？如果有，他们应该这么做吗？如果你想让它们不可变，你必须改变目前依赖于它们的可变性的所有代码。
- 尽管缺少 #hashCode() 方法在 Java 代码中通常是一件坏事，但实际上可能有一些代码依赖于这种行为。（我就看到过这样的代码。）你必须检查所有处理 Widget 的代码。另外，如果写 Widget 的人（Dave？）也写了任何其他实体类，那么很可能它们都缺这个方法。如果你决定修复所有这些，那工作量可就大多了。

如果想同时处理所有这些重构和最初计划的修改，那就得往脑袋里面塞很多东西。也许你是一个重构专家，如果真是这样，那就去做吧，但我不会相信自己能在这样的认知负荷下不犯任何错误。

更安全的做法是将工作分成几个阶段：先修改、然后重构，或者反过来。但不要同时做这两件事情。将重构和其他更改分开单独提交到版本控制系统中，还可以使你和其他开发人员更容易评审这些更改，并在以后再次看到这段代码时更容易了解这是在做什么。

## 4.1.3 依靠 IDE

现代的 IDE 为最常流行的重构模式提供了良好的支持。它们可以自动执行重构，相比于手动执行，这显然有很多好处。

- 更快——IDE 可以以毫秒为单位更新成百上千个类，而手动做的话则需要花很长的时间。
- 更安全——它们不是绝对可靠的，但是更新代码时，IDE 犯的错误要比人类少得多。
- 更全面——IDE 通常会考虑到我甚至都没有想到的事情，例如更新代码注释中的引用和重命名测试类以匹配相应的生产类。
- 更高效——很多重构都是无聊的苦差事，而这正是计算机被设计来做的事情。把这些事情交给 IDE，而你，你是摇滚明星程序员，要去做更重要的事情！

为了让你了解 IDE 的能力，图 4-1 的屏幕截图显示了对一个 Java 项目，IntelliJ IDEA 提供的 Refactor（重构）菜单。（你的菜单可能看起来略有不同，这取决于你使用的 IDE 和安装的插件。）绝对值得去做的是：花时间去浏览 IDE 上的每个重构选项，在某个真正的代码上试验一下这些选项，看看它们都做了什么。

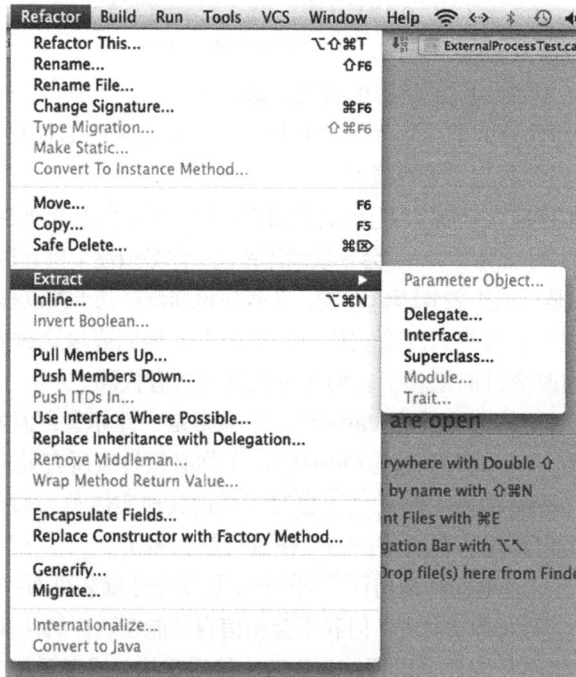

图 4-1　IntelliJ 的重构菜单

为了说明 IDE 可以为你做些什么，让我们用 IntelliJ IDEA 的 Builder 模式来帮助我们替换一个又大又笨重的构造器。图 4-2 是一个表示推文（Tweet）的 Java 类。正如你看到的，大量的字段导致我们写了一个说实话很可笑的构造器。

图 4-3 展示了直接使用这个类的构造器的例子。它很难阅读，并且很多字段是可选的，因此这是使用 Builder 模式的理想对象。

```java
public final class Tweet {
    private final Coordinates coordinates;
    private final boolean favorited;
    private final boolean truncated;
    private final Date createdAt;
    private final Entities entities;
    private final Long inReplyToUserId;
    private final List<Contributor> contributors;
    private final String text;
    private final int retweetCount;
    private final Long inReplyToStatusId;
    private final long id;
    private final Geo geo;
    private final boolean retweeted;
    private final boolean possiblySensitive;
    private final String place;
    private final User user;
    private final String inReplyToScreenName;
    private final String source;

    public Tweet(Coordinates coordinates, boolean favorited, boolean truncated, Date createdAt,
                 Entities entities, Long inReplyToUserId, List<Contributor> contributors, String text,
                 int retweetCount, Long inReplyToStatusId, long id, Geo geo,
                 boolean retweeted, boolean possiblySensitive, String place,
                 User user, String inReplyToScreenName, String source) {
        this.coordinates = coordinates;
        this.favorited = favorited;
        this.truncated = truncated;
        this.createdAt = createdAt;
        this.entities = entities;
        this.inReplyToUserId = inReplyToUserId;
        this.contributors = contributors;
        this.text = text;
        this.retweetCount = retweetCount;
        this.inReplyToStatusId = inReplyToStatusId;
        this.id = id;
        this.geo = geo;
        this.retweeted = retweeted;
        this.possiblySensitive = possiblySensitive;
        this.place = place;
        this.user = user;
        this.inReplyToScreenName = inReplyToScreenName;
        this.source = source;
    }

    // getters, other methods ...

}
```

图 4-2　表示推文的 Java 类

```java
private final Tweet myTweet = new Tweet(
        null, false, false, new Date(), new Entities(),
        null, Collections.<Contributor>emptyList(),
        "hello world", 123, null, 456789, null, false,
        false, null, new User(), null, "twitter.com"
);
```

图 4-3　直接使用 Tweet 构造器

我们可以让 IntelliJ 创建一个 Builder 来消除这种混乱。图 4-4 展示了用 Builder 向导替换构造器，在这里我可以为可选字段设置默认值。

当我单击 Refactor 按钮时，IDE 会生成一个名为 TweetBuilder 的新类。它还会自动重写任何调用 Tweet 构造器的代码，并将其更新为使用 TweetBuilder。经过一点手动重新格式化，现在创建一个新 Tweet 的代码如图 4-5 所示，看起来好多了！

## IDE 也会犯错

IDE 偶尔也会犯错。有时它过于热心，试图更新与你要做的更改完全无关的文件。如果你重命名一个名为 execute() 的方法，IDE 可能会尝试更新无关的代码注释，如 "I will execute anybody who touches this code."。有时它不会更新它本应该更新的文件。例如，IDE 的依赖分析常常受到使用 Java 反射的影响。

考虑到这一点，最好不要无条件地信任 IDE：

■　　如果 IDE 提供了重构的预览，请仔细审查；

- ■ 重构之后检查项目是否仍然能编译，如果有自动化测试，请记得运行自动化测试；
- ■ 使用像 grep 这样的工具从另一个角度检查。

图 4-4 使用 Builder 向导替换构造器

```
private final Tweet myTweet = new TweetBuilder()
        .setId(456789)
        .setText("hello world")
        .setRetweetCount(123)
        .setUser(new User())
        .createTweet();
```

图 4-5 使用 TweetBuilder 创建 Tweet 对象

## 4.1.4 依靠版本控制系统

我假设你正在使用版本控制系统（version control system，VCS），如 Git、Mercurial 或者 SVN，来管理你的源代码。（如果不是，请把这本书放下，赶紧去改过来！）这在重构时真的很有用。如果你有定期提交代码的习惯，你可以将版本控制系统视为一个巨大的 Undo（撤销）按钮。任何时候，只要你觉得你的重构失去了控制，你就可以通过点击 Undo 按钮（回滚上一次的提交）自由地退出此次重构。

重构往往是一个探索性的过程，在尝试之前，你不知道一个特定的解决方案是否可行。版本控制系统提供的安全网让你可以自由地尝试一些解决方案，安全的地方在于，你可以随时回退。事实上，分支的有效使用意味着你可以在同一时间有几种不同的解决方案，而你可以探索每种方法的利弊。

图 4-6 中的示例展示了在实验性地重构之后，可能留下的 Git 提交和分支。最新的提交在顶部，你可以看到最终有几个实验分支并没有被合并到主分支中。

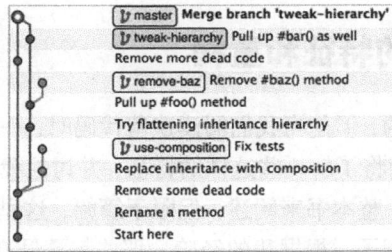

**图 4-6　使用 Git 分支辅助重构的示例**

## 4.1.5　Mikado 方法

我最近用了一种称为 Mikado 方法的方法，它帮我成功地实现了大型的更改，包括重构。它非常简单但是效果很好。基本上它就是构建一个依赖图，里面包含了你需要执行的所有任务，这样你就可以更安全地以最佳的顺序执行这些任务。这个依赖图是以探索的方式构建的，具有大量的回溯并且需要依靠版本控制系统。

有关方法本身及其背后的动机的更多细节，强烈推荐阅读 Ola Ellnestam 和 Daniel Brolund 的《The Mikado Method》（Manning，2014）一书。

图 4-7 展示了一个实际的 Mikado 图，这是我最近在将一个大型应用程序的 UI 层从一个 Web 框架移植到另一个 Web 框架时画的。

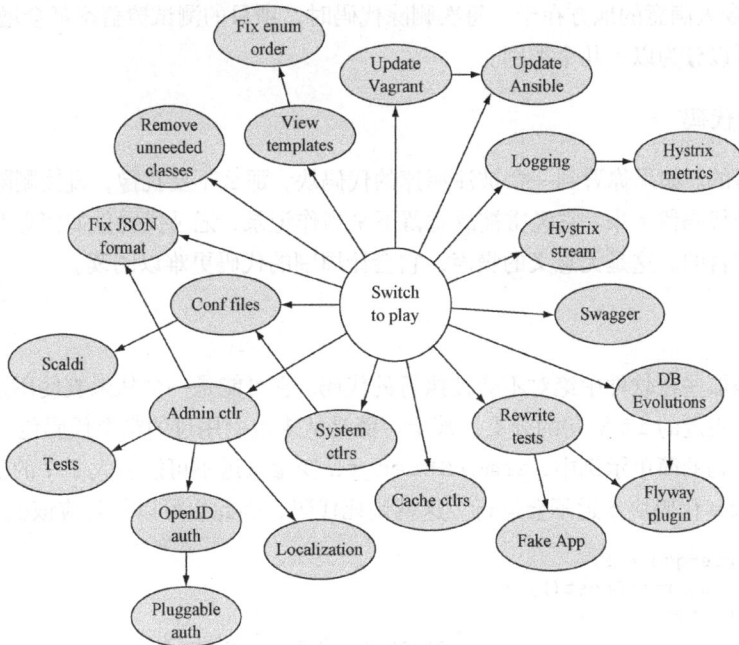

**图 4-7　用 Mikado 方法画的依赖图的示例**

## 4.2    常见的遗留代码的特征和重构

每个遗留代码库都是不同的，但是当我们阅读遗留代码时，一些常见的特征往往会一次又一次地呈现出来。在本节中，我们将了解一些这样的特征，并讨论我们能够如何将其从遗留代码中移除。这个主题很可能需要用一整本书来阐述，但限于篇幅，这里我只能用一章来介绍它，所以我只挑选了一些最具代表性的例子，根据我的经验，那些都是最流行的问题。

想象你正在维护一个在线魔幻 RPG 游戏，叫作 World of RuneQuest。你正计划开始该游戏新版本的开发工作，但最近却注意到，代码已经变得臃肿、无序，并且开发速度也已经因此下降了。你希望在开始开发新版本之前，对代码库进行彻底的清理。让我们来看看你可以解决哪些问题吧。

### 4.2.1    陈旧代码

陈旧代码指的是那些我们已经不再需要，却仍然被保留在代码库中的代码。删除这种不需要的代码是你能想到的最容易、最安全、最令人满意的重构任务之一。因为它很容易，所以在开始更重要的重构之前，这通常是一个很好的热身方式。

移除陈旧代码有许多好处：
- 它使代码更容易理解，因为需要阅读的代码更少了；
- 它减少了人们浪费时间去修复或重构已经不再使用的代码的机会；
- 另一个令人满意的地方在于，每次删除代码时，项目的测试覆盖率都会增加。

陈旧代码可以分为以下几个类别。

#### 1. 被注释掉的代码

这是最容易的。如果你看到一个被注释掉的代码块，那么不要犹豫，直接删除它！绝对没有理由让注释掉的代码留下来。它经常被故意留下来当作记录，记录代码是如何更改的，但这正是版本控制系统的目的。这是无意义的噪声，它会让周围的代码更难以阅读。

#### 2. 死代码

死代码就是那些在软件中绝对不会被执行的代码。它可能是一个从未被使用过的变量，可能是一个从未被采用过的 if 语句的分支，甚至可能是从未被引用过的整个代码包。

在如下死代码的简单示例中，armorStrength 变量永远不可能有大于 7 的值，因此它永远小于 10，而 else 代码块永远不会运行。这就是死代码，因此它可以并且应该被删除。

```
int armorStrength = 5;
if (player.hasArmorBoost()) {
    armorStrength += 2;
}
...
if (armorStrength < 10) {
```
armorStrength 永远小于等于 7，因此这个分支总是运行

```
    defenceRatio += 0.1;
} else {
    defenceRatio += 0.2;  ←───── 这个分支是死代码
}
```

有许多工具可以帮你在代码库中找到并移除死代码。大多数 IDE 都会标明未被引用的字段、方法和类，而 FindBugs（在第 2 章中讨论过的）等工具也包含了相关的规则。

## 3. 僵尸代码

有些代码可能看起来还"活着"但实际上已经"死了"，我把它们叫作僵尸代码。只读它们周围的源代码是不可能发现它们是"活着"的（还是"死了"的）。下面举两个这样的例子：

- 基于从外部源（如数据库）接收的数据进行分支判断的代码，其中一些分支从来不会被触发；
- 不再被任何地方链接的网站页面或者桌面应用程序的界面。

作为第一点的示例，让我们更改一下先前的示例代码，以便从数据库读取 armorStrength 的值。如果只读代码，是无法知道 armorStrength 可能有什么值的，因此代码看起来"活着"而且合理。

```
int armorStrength = DB.getArmorStrength(play.getId());
...
if (armorStrength < 10) {
    defenceRatio += 0.1;              这个分支是"死了"
} else {                             的还是"活着"的?
    defenceRatio += 0.2;  ←─────┘
}
```

但是，当看到数据库中的实际数据时，你可能会发现，所有 500 万个玩家的盔甲强度都小于 10，所以实际上 else 分支永远不会运行。

在这种情况下，应该检查所有往数据库中放置这个值的地方（以确保强度不可能大于或等于 10），然后添加一个数据库约束，作为你对改模型理解的文档，最后再删除不需要的 else 块。

对于上面提到的第二种示例，要确定一个 Web 应用程序的指定页面是否已经"死了"，通常是很困难而且很耗时的。即使没有任何指向它的链接，用户仍可能直接访问它（也许是通过浏览器书签），因此你可能需要全面检查 Web 服务器的访问日志，以确定该页面是否能被安全地删除。

当我加入一个维护大型遗留 Web 应用程序的团队时，我受到了一个现实中僵尸代码示例的影响。在我加入团队之前，他们对网站顶页（top page）的一个大改动进行了 A/B 测试。这个页面有两个单独的版本，并且基于数据库中一个每用户（per-user）标志将用户定向到其中一个或另一个版本。我并不知道 A/B 测试已经完成了（数据库中的这个标志都已设置为了相同的值），但没有人删除这个已经废弃的页面版本。因此，每次我要更改顶页时，我都忠实地在两个版本之间复制我的更改，浪费了大量的时间。

**A/B 测试**　对于调查网站更改对用户行为的影响，A/B 测试是一种常用的方法。它的基本思想是首先将更改呈现给网站的一个有限的用户群。将用户分成 A 和 B 两个组，给一个组提供给正常的网站，给另一个组提供包含更改的网站版本。然后，度量每个用户组的关键指标（页面浏览量、关注时间、滚动深度等），并比较结果。

### 4. 过期代码

常见的是，业务逻辑仅应用在特定时间段内，特别是在 Web 应用程序中。例如，你可能会运行一个特定的广告活动或 A/B 测试几个星期。在 World of RuneQuest 中，也许你要偶尔给游戏内购买打 5 折。这通常需要在代码中添加相应的特定日期的逻辑，因此代码常常看起来像下面这样：

```
if (new DateTime("2014-10-01").isBeforeNow() &&
    new DateTime("2014-11-01").isAfterNow()) {
  // do stuff ...
}
```

虽然这样的临时代码并没有什么错，但在它达到其目的后，开发人员常常会忘记回来删除它，导致代码库中散落着过期代码。

有几种方法来避免这个问题。一个是在你的问题跟踪器中设置一个任务单（ticket），提醒自己删除该代码。在这种情况下，请确保这个任务单有截止日期并分配给指定的人；否则，很容易被忽略。更明智的解决方案是自动检查过期代码。

（1）在编写具有有限使用期限的代码时，请以特定格式添加代码注释，将其标记为即将过期的代码。

（2）编写一个能搜索整个代码库的脚本，解析这些注释，标记过期代码。

（3）将你的持续集成服务器设置为定期运行这个脚本，如果找到任何过期的代码，就让构建失败。这应该比问题跟踪器中的任务单更难以忽略。

下面的代码展示了一个这种注释的示例。

```
// EXPIRES: 2014-11-01
if (new DateTime("2014-10-01").isBeforeNow() &&
    new DateTime("2014-11-01").isAfterNow()) {
  // do stuff ...
}
```

**使用宏进行自动化过期检查**　在支持宏（在编译期运行代码）的语言中，让有过期代码的项目无法编译，是可行的。我知道一些 Scala 库，可以做到这一点：Fixme（https://github.com/tysonjh/fixme）和 DoBy（https://github.com/leanovate/doby）。

### 4.2.2　有毒的测试

在接手维护一个遗留项目时，如果它有一些自动化测试，你可能会觉得自己是幸运的。它们通常可以作为文档的良好替代品，测试的存在暗示了代码质量可能尚可。但是要小心：有一些类型的测试比没有测试更糟糕。我称这种测试为有毒的测试。让我们来看几个有毒的测试。

## 1. 没有测任何东西的测试

一个良好软件测试的基本模板，无论是手动的还是自动的，单元测试、功能测试、系统测试或别的任何测试，都可以用 3 个词来总结：给定（given）、当（when）和那么（then）。

- 给定一些初步条件和假设；
- 当我这样做；
- 那么这应该是结果。

令人惊讶的是，我经常在遗留项目中遇到不符合这种简单模式的测试。我看到很多测试缺少"那么"部分，这意味着它们没有任何断言来检查测试的结果是否符合预期的结果。

想象 World of RuneQuest 用事件总线来管理游戏中的事件及其相应的通知。例如，当一个玩家与另一玩家提出条约时，事件被发往事件总线。监听器会拾起这个事件，并向相关的玩家发送通知邮件。事件总线是使用有界队列的数据结构来实现的，这种结构会在其变满时自动丢弃最早的元素，以便限制所使用的存储空间。这里是原始开发人员写的 JUnit 3 测试，用来检查有界队列是否按预期工作。

```java
public void testWorksAsItShould() {
    int queueSize = 5;
    BoundedQueue<Integer> queue = new BoundedQueue<Integer>(queueSize);
    for (int i = 1; i <= 20; i++) {
        queue.enqueue(i);
    }
    while (!queue.isEmpty()) {
        System.out.println(queue.dequeue());
    }
}
```

这个测试很可能是在有持续集成工具之前写的，所以作者从来没有期望它会多次运行。他们运行这个测试，手动验证打印到屏幕上的数字符合他们的预期，然后就把它忘记了。

但是现在这样的测试是不符合要求的。我们希望用自动化测试来防止回归问题，但前面的测试并不能达到这个目的。即使你不小心改变了 `BoundedQueue` 类的行为，测试也不会失败，它只会简单地将一组不同的数字输出到控制台。

像这样的测试是尤其有害的，因为它们看起来、感觉起来像一个测试，但它们没有测试任何东西。它们虚假地增加了项目的测试数量和测试覆盖率，给开发者一种安全的错觉。解决方案很简单：或者通过添加适当的断言修复测试，或者删除它。（在这种特殊情况下，更好的解决方案是删除测试和 `BoundedQueue` 类本身，将其替换为可信赖的第三方实现，如 Guava 的 `EvictingQueue`。）

## 2. 脆弱的测试

由于可以保证代码库给定部分的行为会被保留下来，良好的单元测试会在重构时被证明是有价值的。但是如果你发现测试经常在你重构时被破坏，这个迹象可能表明测试太脆弱了。在这种情况下，测试就成了一个障碍，因为你最终要花比重构还要多的时间去修复它们。

脆弱性的常见原因是单元测试过于细密。继续我们 BoundedQueue 的例子，想象你为它写了一个下面这样的测试（这次使用 JUnit 4 语法）。

```
@Test
public void wibbleFlagIsSet() throws Exception {
    int queueSize = 5;
    BoundedQueue<Integer> queue = new BoundedQueue<Integer>(queueSize);

    Field wibble = BoundedQueue.class.getDeclaredField("wibble");   ◁──── 暴露私有字段 "wibble"
    wibble.setAccessible(true);

    assertThat(wibble.getBoolean(queue), is(false));   ◁──── 标志开始时应该为 false

    for (int i = 1; i <= queueSize; i++) {   ◁──── 填充队列
        queue.push(i);
    }

    assertThat(wibble.getBoolean(queue), is(true));   ◁──── 标志现在应该为 true
}
```

此测试使用 Java 的反射机制（reflection hackery）暴露私有字段并检查其值。因此，如果在重构过程中删除或重命名此字段，测试将会失败。

一般来说，没有必要写这样的测试。我们应该测试组件暴露给彼此的行为，而不是它们可能持有的任何内部状态。如果你发现一个测试在访问类的私有成员，或者你发现自己想写一个这样的测试，那么这可能是一个提示，说明这个类包含了太多的状态或者做得太多了。你应该考虑将它分成更容易测试的更小的类。

**3. 随机失败的测试**

一个良好的测试是完全确定的，也就是说其结果不应受 CPU 负载、线程调度、网络拥塞、并行运行的其他测试或其他任何外部因素的影响。但有些测试没有达到这个黄金标准，并且偶尔会失败。这样的例子有：依赖于在一定超时时间内完成处理的并发测试，以及依赖于外部数据库或文件系统内容的集成测试。

这些测试是危险的，因为它们导致开发人员开始把一个测试套件中出现几个失败的测试当作正常情况。你的测试套件应该尽可能地简单明了：零失败的测试=好，其他=天塌下来了！如果你的套件中有两三个测试偶尔会失败，那就很难保持这种紧迫感。因此，任何随机失败的测试都应该被：

- 修复——如果容易做到；
- 禁用——如果它们可以被修复，但你现在没有时间；
- 删除或重写——如果它们看起来很难被修复。

## 4.2.3  过多的 null

空引用的发明者托尼·霍尔（Tony Hoare）将下面这段代码称为"10 亿美元的错误"。

```
if (x == 0) {          ◄───── 不……!!!
    return null;
}
```

空引用是程序员种下的祸根，每次我看到 NullPointerException（或.NET 里等效的 NullReferenceException），我的心都凉半截。

null（空值）的使用使读取和写入代码更加困难，因为可能为空不是显式声明的，至少在 Java 之类的语言中是这样。当阅读一段代码时，一个给定的变量可能为 null，是不明显的，因此读者必须始终记住这里隐含的引用可以为空的性质。

现代编程语言努力使开发人员的生活更容易而不用关心 null。例如，Kotlin 将可为空的概念构建到了其类型系统中，以便 String 和 String?是单独的类型（分别是不可为空和可为空的字符串）。编译器也足够聪明，知道你是否对可为空引用执行了 null 检查，所以下面这个例子将无法通过编译：

```
print(player.getCharacterId())     ◄─────── 假设 player 的类型是 Player?
```

相反，下面的例子则可以通过编译：

```
if (player != null) {
    print(player.getCharacterId())
}
```

Scala 在其标准库中提供了一个 Option 类型，以减少对 null 的需要。带有 Option 类型的值可以是 Some(thing) 或 None，其中 None 是其他语言中 null 的角色。你可能想知道用 None 替代 null 在实际上有什么好处，但关键是 Option 类型使"没有结果"的情况更加明确，并强制开发人员处理它，而 null 的结果容易被忽视。

比较下面从数据库检索 Player 的 Java 代码和 Scala 代码。首先来看 Java 代码：

```
Player player = playerDao.findById(123);          ◄─┐ 如果 ID 为 123 的玩家
System.out.println("Player name: " + player.getName());  │ 不存在则返回 null
```

在这个 Java 案例中，开发人员忘了包含 null 检查，所以如果在数据库中找不到玩家 123，该代码将抛出一个 NullPointerException 异常。现在让我们看看相同代码的 Scala 实现。

```
val maybePlayer = playerDao.findById(123)     ◄─┐ 返回 Option[Player]
// Do a pattern-match on the result
maybePlayer match {
  case Some(player) => println("Player name: " + player.getName())
  case None => println("No player with ID 123")
}
```

在这个案例中，因为 DAO 给了我们一个 Option，"玩家存在"和"玩家不存在"两种情况是显而易见的，所以我们被迫适当地处理这两种情况。

在 Java 中也可以模仿 Scala 这样的语言的使用方法。如果你在用 Java 8（如果你工作在遗留代码上，是不太可能用 Java 8 的），你可以使用 java.util.Optional 类。否则，Google 的 Guava 库（还有很多别的有用的工具）包含了一个名为 com.google.common.base.Optional 的类。以下代码展示了一种使用 Java 8 的 Optional 重写以前代码的方法。

```
Optional<Player> maybePlayer = playerDao.findById(123);
if (maybePlayer.isPresent()) {
    System.out.println("Player name: " + maybePlayer.get().getName());
} else {
    System.out.println("No player with ID 123");
}
```

如果你有很多遗留的 Java 代码在大量使用 null，而你又不想用 Optional 把它们全部重写，那么可以用一个简单的方法来追踪为空的性质，从而使你的代码更可读。JSR 305 标准化了一组 Java 注解，你可以用它们来记录代码各部分是否可以为空。这可以纯粹作为文档使用，让代码更可读，但这些注解也可以被工具（如 FindBugs 和 IntelliJ IDEA）识别出来，用来帮助静态分析，从而发现潜在的 bug。

要使用这些注解，首先需要将它们添加到项目的依赖中：

```
<dependency>
    <groupId>com.google.code.findbugs</groupId>
    <artifactId>jsr305</artifactId>
    <version>3.0.0</version>
</dependency>
```

完成后，就可以在代码中添加@Nonnull、@Nullable 和@CheckForNull 等注解了。在阅读遗留代码时添加这些注解是一个很好的习惯，有助于让自己理解，也可以让后面来阅读的人更容易理解。下面的示例展示的是在方法中添加 JSR 305 注解。

```
@CheckForNull
public List<Player> findPlayersByName(@Nonnull String lastName,
                                      @Nullable String firstName) {
    ...
}
```

这里的@CheckForNull 注解意味着该方法可能会返回 null（如果没有找到匹配的值或者发生错误），@Nonnull 注解意味着第一个参数不能为 null，@Nullable 注解意味着第二个参数可以为 null。

> **其他语言中的空值**
>
> Java 之外的其他语言处理 null 的方式也不尽相同。例如，Ruby 有一个 nil 对象，它以"假"的方式工作，所以你通常不需要在引用它之前检查一个变量是否为 nil。
>
> 无论什么语言，通常都可以使用空对象模式（Null Object pattern），通过定义自己的对象来表示不存在值，而不是依赖于语言的内置 null。维基百科有一些以各种语言实现的简单的空对象模式的例子：https://en.wikipedia.org/wiki/Null_Object_pattern。

## 4.2.4 不必要的可变状态

可变性的不必要使用与 null 的过度使用一样，都会使代码难以阅读和调试。一般来说，让对象不可变会使开发人员更容易跟踪程序的状态，这在多线程编程中尤其如此——我们不用担心两个线程同时尝试改变同一个对象的情况，因为对象是不可变的，这两个线程根本就改变不了它。

可变状态在遗留 Java 代码中常见的原因有以下两个。

- **历史原因**——以前 Java Beans 流行的时候，标准做法是使用 getter 和 setter，让所有模型类都可变。

- **性能原因**——使用不可变对象通常会导致更多生命周期很短的对象被创建和销毁。这种对象会给老版本的 Java 垃圾回收器造成很大的压力，但对现代的垃圾回收器（如 HotSpot 的 G1）来说这通常不是一个问题。

可变性当然是有用的（例如，将系统建模为有限状态机是一种有用的技术，而这种技术就需要可变性的支持），但不可变通常是我写代码时的默认设计，只有在它能让代码更容易被理解或分析显示不可变的代码是性能瓶颈的时候，我才会引入可变性。

将已有的可变类改成不可变类通常是像下面这样做的。

（1）将所有字段标记为 final。

（2）添加构造器的参数以初始化所有字段。你也可以像本章前面展示的那样，引入一个建造者。

（3）更新所有 setter，创建一个新版本的对象并返回它。你也许需要重命名这些方法，以反映行为的变化。

（4）更新所有客户端代码，使其以不可变的方式使用类的实例。

想象 World of RuneQuest 的玩家可以获得并使用魔咒（magic spell）。只有几个不同的魔咒，并且它们都是大型的重量级对象，因此，如果在内存里只为每个魔咒保存一个单例对象，并在众多不同的玩家之间共享它们，那么从内存效率的角度来讲将是很好的。但是，魔咒目前是以可变的方式实现的，因为这样 Spell 对象可以跟踪它的所有者使用它的次数，所以你不能在多个用户之间共享一个指定的魔法对象。下面的示例展示了当前可变的 Spell 实现。

```java
class Spell {
    private final String name;
    private final int strengthAgainstOgres;
    private final int wizardry;
    private final int magicalness;              很多别的字段

    private int timesUsed = 0;              只有这个字段是可变的

                                           构造器、
                                           其他方法……
    public void useOnce() {
        this.timesUsed += 1;
    }
}
```

然而，如果我们从 Spell 中移出 timesUsed 字段，那么这个类将变得完全不可变，从而可以安全地在所有用户之间共享。我们可以创建一个新类 SpellWithUsageCount 来保存 Spell 实例和使用数量，如下例所示。注意，新的 SpellWithUsageCount 类也是不可变的。

```
class SpellWithUsageCount {
    public final Spell spell;          ⟵              Spell 的 timesUsed
    public final int timesUsed;                       字段已经被移除了

    public SpellWithUsageCount(Spell spell, int timesUsed) {
        this.spell = spell;
        this.timesUsed = timesUsed;
    }

    /**
     * Increment the usage count.
     * @return a copy of this object, with the usage count incremented by one
     */
    public SpellWithUsageCount useOnce() {
        return new SpellWithUsageCount(spell, timesUsed + 1);
    }

}
```

这是对原始代码的改进，原因如下。首先，我们现在可以在系统中的所有玩家之间共享重量级的 Spell 对象，而不会产生一个玩家的行为意外影响到另一个玩家的状态的危险，所以我们可以节省大量的内存。其次，我们还可以避免任何潜在的并发性 bug，即两个线程试图同时去更新同一个 Spell，导致状态出错。最后，不可变对象可以安全地在多个对象之间和线程之间共享。

> **其他语言中的不变性**
>
> Java 之外的主流语言为不可变性提供了不同程度的支持。
>
> - C# 对不变性有很好的支持。它有一个 readonly 关键字，可以将一个特定的字段标记为一次性写入（意思是它一旦被初始化就是不可变的）；它的匿名类型是一种创建不可变对象的简单方法。标准库中还包含一些不可变集合。
> - 动态语言（如 Python、Ruby 和 PHP）没有为不可变性提供很多支持，而用这些语言写出来的常见代码往往是以可变的风格编写的。Python 至少提供了"冻结"一些内置类型（如 set）实例的能力。对于 Ruby 来说，Hamster（https://github.com/hamstergem/hamster）是一个很好的不可变集合库。

## 4.2.5　错综复杂的业务逻辑

遗留应用程序中的业务逻辑通常都看起来很复杂、难以理解，这通常有两个原因。

- 业务规则真的很复杂。更准确地说，是开始简单，而后会随着时间的推移逐渐变得更加复杂。系统进入生产环境后，会经年累月地增加越来越多的特殊情况。
- 业务逻辑与其他的处理（如日志和异常处理）交织在一起。

让我们看一个例子。想象 World of RuneQuest 的部分收入是通过横幅广告带来的，而下面的类就负责选择一个横幅广告来显示给指定页面上的指定玩家。

```java
public class BannerAdChooser {
    private final BannerDao bannerDao = new BannerDao();
    private final BannerCache cache = new BannerCache();

    public Banner getAd(Player player, Page page) {
        Banner banner;
        boolean showBanner = true;

        // First try the cache
        banner = cache.get(player, page);

        if (player.getId() == 23759) {
            // This player demands not to be shown any ads.
            // See support ticket #4839
            showBanner = false;
        }

        if (page.getId().equals("profile")) {
            // Don't show ads on player profile page
            showBanner = false;
        }

        if (page.getId().equals("top") &&
            Calendar.getInstance().get(DAY_OF_WEEK) == WEDNESDAY) {
            // No ads on top page on Wednesdays
            showBanner = false;
        }

        if (player.getId() % 5 == 0) {
            // A/B test - show banner 123 to these players
            banner = bannerDao.findById(123);
        }

        if (showBanner && banner == null) {
            banner = bannerDao.chooseRandomBanner();
        }

        if (banner.getClientId() == 393) {
            if (player.getId() == 36645) {
                // Bad blood between this client and this player!
                // Don't show the ad.
                showBanner = false;
            }
        }

        // cache our choice for 30 minutes
        cache.put(player, page, banner, 30 * 60);

        if (showBanner) {
            // make a record of what banner we chose
            logImpression(player, page, banner);
```

← 许多的检查
和条件……

```
        }

        return banner;
    }

}
```

　　所有这些多年来累积的特殊情况使得该方法非常长而且笨重。而据我们所知，这些都是必需的，所以我们不能简单地删除它们，但我们可以重构代码，使它更易于阅读、测试和维护。让我们结合两个标准的设计模式，即装饰者（Decorator）模式和责任链（Chain of Responsibility）模式，来重构 BannerAdChooser，计划如下。

　　（1）使用责任链模式将业务规则拆分到它们自己的可测试单元中。

　　（2）使用装饰者模式将实现细节（缓存和日志记录）与业务逻辑分离开来。

　　等我们完成，我们代码的概念视图应该看起来像图 4-8 一样。

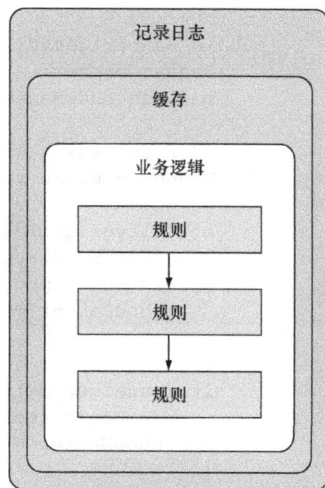

图 4-8　使用责任链模式和装饰者模式重构 BannerAdChooser 类的计划

　　首先，我们要创建一个抽象类 Rule，我们的每个业务规则都要继承 Rule。每个具体的子类必须实现两个方法：一个方法决定规则是否适用于指定的玩家和页面，另一个方法实际应用这个规则。

```java
abstract class Rule {
    private final Rule nextRule;

    protected Rule(Rule nextRule) {
        this.nextRule = nextRule;
    }

    /**
     * Does this rule apply to the given player and page?
     */
    abstract protected boolean canApply(Player player, Page page);

    /**
     * Apply the rule to choose a banner to show.
     * @return a banner, which may be null
     */
    abstract protected Banner apply(Player player, Page page);

    Banner chooseBanner(Player player, Page page) {
        if (canApply(player, page)) {
            // apply this rule
            return apply(player, page);
        } else if (nextRule != null) {
            // try the next rule
```

```
            return nextRule.chooseBanner(player, page);
        } else {
            // ran out of rules to try!
            return null;
        }
    }
}
```

接下来，我们将为我们的每个业务规则编写一个具体的 Rule 子类。我会举两个例子。

```
final class ExcludeCertainPages extends Rule {

    // Pages on which banners should not be shown
    private static final Set<String> pageIds =
        new HashSet<>(Arrays.asList("profile"));

    public ExcludeCertainPages(Rule nextRule) {
        super(nextRule);
    }

    protected boolean canApply(Player player, Page page) {
        return pageIds.contains(page.getId());
    }

    protected Banner apply(Player player, Page page) {
        return null;
    }
}

final class ABTest extends Rule {
    private final BannerDao dao;

    public ABTest(BannerDao dao, Rule nextRule) {
        super(nextRule);
        this.dao = dao;
    }

    protected boolean canApply(Player player, Page page) {
        // check if player is in A/B test segment
        return player.getId() % 5 == 0;
    }

    protected Banner apply(Player player, Page page) {
        // show banner 123 to players in A/B test segment
        return dao.findById(123);
    }
}
```

一旦我们有了 Rule 实现，就可以将它们链接在一起成为责任链。

```
Rule buildChain(BannerDao dao) {
    return new ABTest(dao,
        new ExcludeCertainPages(
        new ChooseRandomBanner(dao)));          ◁─────── 为了简洁，只展示了
}                                                        责任链的几个链接
```

每次我们想要选择一个横幅来显示时，程序都会依次尝试每个规则，直到找到匹配的那个。

现在我们的业务规则完全相互隔离了，我们下一步的计划是将缓存和日志代码移到装饰器中。首先让我们从 BannerAdChooser 类中抽出一个接口。我们的每个装饰器都将实现该接口。

我们将接口命名为 BannerAdChooser，并将具体实现类重命名为 BannerAdChooserImpl。（这是一个可怕的名字，但我们会替换掉这个类。）

```
interface BannerAdChooser {
    public Banner getAd(Player player, Page page);
}

final class BannerAdChooserImpl implements BannerAdChooser {
    public Banner getAd(Player player, Page page) {
        ...
    }
}
```

接下来，我们将该方法拆分为一个基础用例和两个装饰器。基础用例主要是基于责任链的实现。

```
final class BaseBannerAdChooser implements BannerAdChooser {
    private final BannerDao dao = new BannerDao();
    private final Rule chain = createChain(dao);

    public Banner getAd(Player player, Page page) {
        return chain.chooseBanner(player, page);
    }
}
```

我们还有两个装饰器，分别透明处理缓存和日志记录。

下面这段代码展示了使用缓存包装现有横幅广告逻辑的装饰器。当需要提供广告时，应用会先检查缓存中是否已经包含了适当的广告。如果是，则返回该广告；否则，会将广告的选择委派给底层的 BannerAdChooser，然后缓存结果。

```
final class CachingBannerAdChooser implements BannerAdChooser {
    private final BannerCache cache = new BannerCache();
    private final BannerAdChooser base;

    public CachingBannerAdChooser(BannerAdChooser base) {
        this.base = base;
    }

    public Banner getAd(Player player, Page page) {
        Banner cachedBanner = cache.get(player, page);
        if (cachedBanner != null) {
            return cachedBanner;
        } else {
            // Delegate to next layer
            Banner banner = base.getAd(player, page);
            // Store the result in the cache for 30 minutes
            cache.put(player, page, banner, 30 * 60);
            return banner;
        }
    }
}
```

下一个代码段展示了另一个装饰器，这次是添加日志记录。广告的选择会被委派给底层的 BannerAdChooser，然后结果会在返回给调用者之前被记录。

```
final class LoggingBannerAdChooser implements BannerAdChooser {
    private final BannerAdChooser base;

    public LoggingBannerAdChooser(BannerAdChooser base) {
        this.base = base;
    }

    public Banner getAd(Player player, Page page) {
        // Delegate to next layer
        Banner banner = base.getAd(player, page);
        if (banner != null) {
            // Make a record of what banner we chose
            logImpression(player, page, banner);
        }
        return banner;
    }

    private void logImpression(...) {
        ...
    }
}
```

最后，我们需要一个工厂来按照正确的顺序连接我们所有的装饰器。

```
final class BannerAdChooserFactory {
    public static final BannerAdChooser create() {
        return new LoggingBannerAdChooser(
                new CachingBannerAdChooser(
                    new BaseBannerAdChooser()));
    }
}
```

现在我们已经将每个业务规则拆分成了一个单独的类，并将缓存和日志记录的实现与业务逻辑分离开来，代码应该更容易阅读、维护和扩展了。责任链模式和装饰者模式让我们能很容易地根据需要添加、移除或重新排列各个层。此外，现在我们可以单独测试每个业务规则和实现问题了，这在以前是不可能的。

## 4.2.6  视图层中的复杂性

模型–视图–控制器（Model-View-Controller，MVC）模式通常用于提供 GUI 的应用程序，特别是 Web 应用程序。在理论上，所有的业务逻辑都被排除在视图之外并封装在模型中，而控制器负责接受用户输入和操作模型。

然而，在实践中，视图层很容易被业务逻辑"感染"，这通常是为了多种目的而试图复用同一模型的结果。例如，为便于序列化到关系型数据库而设计的模型将直接反映数据库模式（schema），但这个模型可能不适合按原样传递到视图层。如果尝试这样做，将不得不把大量的逻辑放到视图层，从而将模型转换为适合向用户展示的形式。

这种视图层中的业务逻辑积累是个问题，原因如下：

■ 视图层中使用的技术（如 Java Web 应用程序中的 JSP）通常不适合自动化测试，因此不能测试其中包含的逻辑；

■ 根据所使用的技术的情况，视图层中的文件可能不会被编译，因此在编译时无法捕获错误；

■ 你可能希望视觉设计师或前端工程师等人员在视图层上工作，但如果标记语言中分布有源代码片段，这就很难了。

我们可以通过在模型和视图之间引入一个转换层来缓解这些问题。如图 4-9 所示，该转换层有时被称为表示模型或视图模型（ViewModel），但我倾向于称之为视图适配器（view adapter）。通过将逻辑从视图层移到视图适配器，我们可以简化视图模板，使其更易于阅读也更易于维护。这也能让转换逻辑更易于测试，因为视图适配器是普通的老式对象，对视图技术没有依赖，因此可以像任何其他源代码一样被测试。

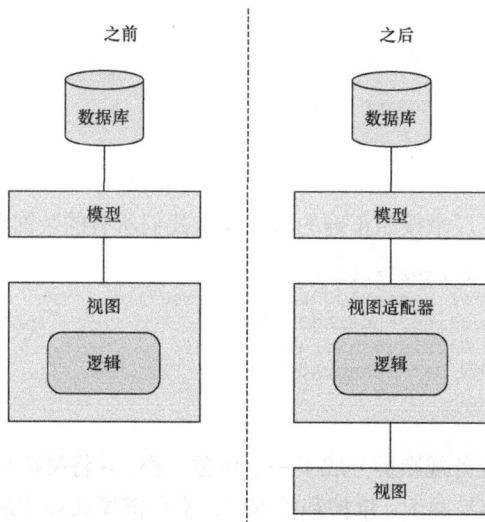

图 4-9　引入视图适配器

让我们看一个例子。World of RuneQuest 有一个 CharacterProfile 对象，它保存玩家的角色信息：名字、种族、特殊技能等。这个模型会被传给一个 JSP 来渲染角色个人资料页面。该 CharacterProfile 类如下所示：

```
class CharacterProfile {
    String name;
    Species species;
    DateTime createdAt;
    ...
}
```

下面是 JSP 的代码片段：

```
<table>
  <tr>
    <td>Name</td>
    <td>${profile.name}</td>
```

```
  </tr>

<c:choose>
  <c:when test="${species.name == 'orc'>
    <c:set var="speciesTextColor" value="brown" />
  </c:when>
  <c:when test="${species.name == 'elf'>
    <c:set var="speciesTextColor" value="green" />
  </c:when>
  <c:otherwise>
    <c:set var="speciesTextColor" value="black" />
  </c:otherwise>
</c:choose>
<tr>
  <td>Species</td>
  <td style="color: $speciesTextColor">${profile.species.name}</td>
</tr>

<%
  CharacterProfile profile = (CharacterProfile)(request.getAttribute("profile"));
  DateTime today = new DateTime();
  Days days = Days.daysBetween(profile.createdAt, today);
  request.setAttribute("ageInDays", days.getDays());
%>
<tr>
  <td>Age</td>
  <td>${ageInDays} days</td>
</tr>
</table>
```

这个 JSP 是可怕的！逻辑代码和显示代码交织在一起，很难阅读。让我们引入一个视图适配器并将它传给 JSP，而不是直接传 CharacterProfile 模型。

在下面的代码中，我已经将所有的逻辑从 JSP 抽出来放到视图适配器中。我可以把这个类叫作 CharacterProfileViewAdapter，但可能有点绕口了。简单起见，我通常遵循将 Foo 模型的视图适配器称作 FooView。

```
class CharacterProfileView {
    private final CharacterProfile profile:

    public CharacterProfileView(CharacterProfile profile) {
        this.profile = profile;
    }

    public String getName() {
        // return the underlying model's property as is
        return profile.getName();
    }

    public String getSpeciesName() {
        return profile.getSpecies().getName();
    }

    public String getSpeciesTextColor() {
        if (profile.getSpecies().getName().equals("orc")) {
            return "brown";
        } else if (profile.getSpecies().getName().equals("elf")) {
            return "green";
```

```
    } else {
        return "black";
    }
}

public int getAgeInDays() {
    DateTime today = new DateTime();
    Days days = Days.daysBetween(profile.createdAt, today);
    return days.getDays();
}
...

}
```

下面这段代码展示了当我们使用视图适配器时 JSP 的样子。

```
<table>
  <tr>
    <td>Name</td>
    <td>${profile.name}</td>
  </tr>
  <tr>
    <td>Species</td>
    <td style="color: ${profile.speciesTextColor}">${profile.speciesName}</td>
  </tr>
  <tr>
    <td>Age</td>
    <td>${profile.ageInDays} days</td>
  </tr>
</table>
```

这就好多了！现在把逻辑放到了一个可被测试的 Java 类中，而且模板也比以前更可读了。

值得注意的是，如果你不相信自己能将逻辑保持在视图层之外，可以通过给视图层选择一个无逻辑的模板技术来强制自己这么做。我曾经使用无逻辑模板语言（如 Mustache）成功地为 Web 应用程序构建简单、可读的视图。模板可以交由 Web 设计人员编写和维护，从而让开发人员可以专注于业务逻辑。

**其他语言的适用性**　视图适配器（View Adapter）模式并不是特定于 Java 和 JSP 模板的。无论使用的是 Ruby 和 ERB、ASP.NET，还是任何其他技术，它都是有用的。只要应用程序有某种 UI，就可以而且应该将复杂的逻辑放到视图层之外。

---

**深入阅读**

我刚刚在这个简短的过程中只涉及了重构的基础，如果你想更多地了解重构，可以阅读有关这个主题的优秀书籍，这类书籍很多，下面我来推荐 3 本。

■ 《重构：改善既有代码的设计》（Refactoring: Improving the Design of Existing Code），作者 Martin Fowler 等（Addison-Wesley Professional, 1999）。虽然它有点儿过时（它是在 Java 1.2 版本时写的），但它仍然是一部经典，而且仍是一个本极好的参考书。它采用基于模式的方法，描述在什么情况下可以用特定的重构技巧。

- 《重构与模式》( Refactoring to Patterns )，作者 Joshua Kerievsky ( Addison-Wesley Professional, 2004 )。这本书巧妙地展示了如何通过使用 Martin Fowler 书中描述的重构技巧，将缺乏清晰结构的遗留代码向众所周知的设计模式迁移。如果想在阅读本书之前复习一下设计模式，请阅读 Erich Gamma、Richard Helm、Ralph Johnson 和 John Vlissides ( 也称作 Gang of Four book，即 "四人组" )所著的《设计模式：可复用面向对象软件的基础》( Design Patterns: Elements of Reusable Object-Oriented Software ) ( Addison-Wesley Professional，1994 )。
- 《Principle-Based Refactoring》，作者 Steve Halladay ( Principle Publishing, 2012 )。这本书充满了有用的重构技术，但它更侧重于 "授人以渔"，提倡研究软件设计基本原则的价值，而不是通过死记硬背来盲从地学习几十条规则。

## 4.3　测试遗留代码

当重构遗留代码时，自动化测试能有效地保证重构不会在无意中影响软件的行为。在本节中，我将讨论如何编写这些自动化测试，以及在面对不可测试的代码时该怎么做。

### 4.3.1　测试不可测试的代码

在开始重构之前，需要先有单元测试；但在可以编写单元测试之前，需要先重构代码以使其可以被测试；但是在开始重构之前，需要先有单元测试……

当我们试图在遗留代码中补加测试时，这种 "鸡和蛋" 的问题是我们经常面对的。如果我们坚持在重构之前先写单元测试，那么它似乎是一个无法解决的悖论。但是值得记住的是，如果我们能想办法写一些测试，我们就可以开始重构，从而让软件更易于测试，进而让我们能编写更多的测试，反过来允许更多的重构，如此往复。

这就像剥橙子，起初，它似乎是完美的球形、坚不可摧，然而，一旦你用一点力来打破表面，实际情况就完全不同了。因此，我们需要暂时降低我们的标准，以打破表面，并得到我们的头几个测试。当我们这样做时，我们可以使用代码评审来弥补缺少的测试。

当我们在尝试使代码可测试时，首要任务是将其与它的依赖隔离开来。我们想要使用我们控制的对象替换与代码交互的所有对象，这样我们就可以给它任何我们希望的输入，并衡量它的响应：它是返回一个值还是调用其他对象的方法。

让我们来看一个例子，说明如何重构一段遗留代码，以便将其纳入测试队列。想象我们想为 Battle 类编写测试，这个类是当两个玩家在 World of RuneQuest 中互相争斗时使用的。不幸的是，Battle 依赖于一个所谓的 "上帝类"，这是一个叫作 Util 的类—— 一个 3 000 行的怪物。这个类中充满了静态方法，它可以处理各种有用的事情，并且到处都在引用它。

**当心 Util**　每当你看到一个名称里带有 Util 的类时，你的脑海中应该立刻敲响警钟。它可能是一个很好的待重构的对象，哪怕只是把它重命名为更有意义的东西。

下面是开始重构之前代码的样子。

```
public class Battle {
    private BattleState = new BattleState();
    private Player player1, player2;

    public Battle(Player player1, Player player2) {
        this.player1 = player1;
        this.player2 = player2;
    }

    ...
    public void registerHit(Player attacker, Weapon weapon) {
        Player opponent = getOpponentOf(attacker);
        int damageCaused = calculateDamage(opponent, weapon);
        opponent.setHealth(opponent.getHealth() - damageCaused);

        Util.updatePlayer(opponent);

        updateBattleState();
    }

    public BattleState getBattleState() {
        return battleState;
    }

    ...

}
```

这个类有一个很好的、简单的构造器，所以我们可以轻松地构造一个实例并进行测试。它还有一个暴露其内部状态的 public 方法，这应该对我们的测试有用。我们不知道那个对 Util.updatePlayer(opponent) 的可疑方法调用是在做什么，但让我们暂时忽略它，并试着先写一个测试。

```
public class BattleTest {

    @Test
    public void battleEndsIfOnePlayerAchievesThreeHits() {
        Player player1 = ...;
        Player player2 = ...;
        Weapon axe = new Axe();
        Battle battle = new Battle(player1, player2);

        battle.registerHit(player1, axe);
        battle.registerHit(player1, axe);
        battle.registerHit(player1, axe);

        BattleState state = battle.getBattleState();
        assertThat(state.isFinished(), is(true));
    }

}
```

好，让我们运行这一测试……呀！事实证明，Util.updatePlayer(player) 方法不仅将 Player 对象写入了数据库，它还可以向用户发送电子邮件，通知他们说他们的角色生病了（或者感到孤独，或者是钱用光了等）。我们绝对要在我们的测试中避免这些副作用。下面让我们看看如何来解决这个问题。

因为 Battle 类依赖的是一个静态方法，所以我们无法使用任何技巧，例如，建一个 Util 的子类并覆盖这个方法。相反，我们必须创建一个新类，用它的方法将静态方法的调用包装起来，然后让 Battle 调用新类的方法。换句话说，我们将在 Battle 和 Util 之间引入一个间接层。在测试中，我们可以用我们自己的实现替换这个缓冲区类，从而避免任何不必要的副作用。

首先，让我们创建一个接口。

```java
interface PlayerUpdater {

    public void updatePlayer(Player player);

}
```

我们还要为该接口创建一个实现，用于生产环境代码：

```java
public class UtilPlayerUpdater implements PlayerUpdater {

    @Override
    public void updatePlayer(Player player) {
        Util.updatePlayer(player);

    }

}
```

现在我们需要一种方法来将 PlayerUpdater 传递给 Battle，因此我们来添加一个构造器参数。注意，我们创建了一个 protected 构造器用于测试，从而避免了更改现有的 public 构造器的签名。

```java
public class Battle {
    private BattleState = new BattleState();
    private Player player1, player2;
    private final PlayerUpdater playerUpdater;

    public Battle(Player player1, Player player2) {
        this(player1, player2, new UtilPlayerUpdater());
    }

    protected Battle(Player player1, Player player2,
                     PlayerUpdater playerUpdater) {
        this.player1 = player1;
        this.player2 = player2;
        this.playerUpdater = playerUpdater;
    }

    ...

    public void registerHit(Player attacker, Weapon weapon) {
        Player opponent = getOpponentOf(attacker);
        int damageCaused = calculateDamage(opponent, weapon);
        opponent.setHealth(opponent.getHealth() - damageCaused);

        playerUpdater.updatePlayer(opponent);

        updateBattleState();
    }

    ...

}
```

**Java 中的 protected 方法**　因为我们添加了一个具有 protected 可见性的新构造器，所以它只对 Battle 的子类或者在同一个包中的类可见。我们应该将测试类放在与 Battle 相同的包中，以便它可以调用我们添加的构造器。

到目前为止，我们已经更改了 Battle 类，但我们认为我们维持了代码的现有行为。是时候暂停下来，将我们到目前为止的代码提交，并请一位同事进行代码评审，来检查我们有没有做任何愚蠢的事情。一旦完成这些，我们就可以继续修复我们的测试。

在这个测试中，我们可以创建一个 "哑" 的（不做任何事情的）PlayerUpdater 实现，并将其传递给 Battle 构造器。但实际上我们可以做得更好，如果我们使用 mock 实现，我们还可以检查 Battle 是否像预期的那样调用了 updatePlayer() 方法。让我们使用 Mockito 库（http://mockito.github.io/）来创建我们的 mock 实现。

```java
import static org.mockito.Mockito.*;

public class BattleTest {
    @Test
    public void battleEndsIfOnePlayerAchievesThreeHits() {
        Player player1 = ...;
        Player player2 = ...;
        Weapon axe = new Axe();

        PlayerUpdater updater = mock(PlayerUpdater.class);    // 创建 PlayerUpdater 接口的 mock 实现

        Battle battle = new Battle(player1, player2, updater);    // 将 mock 的对象传给 battle 实例

        battle.registerHit(player1, axe);
        battle.registerHit(player1, axe);
        battle.registerHit(player1, axe);

        BattleState state = battle.getBattleState();
        assertThat(state.isFinished(), is(true));

        verify(updater, times(3)).updatePlayer(player2);    // 检查 "updatePlayer() 方法被调用了 3 次"
    }

}
```

是的，我们已经开了一个好头，而且我们也有了第一个可用的测试。我们不仅去除了对 Util 类的依赖，还设法验证了测试主体与其他类的交互。

---

**深入阅读**

如果想找一本专门讨论这种示例并且详细解释每种情况下采取某种方法的原因的书，强烈推荐 Michael Feathers 的书《修改代码的艺术》（Working Effectively with Legacy Code）（Prentice Hall，2004）。

---

## 4.3.2　没有单元测试的回归测试

这里是一个故意的煽动性声明：

在重构之前编写单元测试有时是不可能的，而且往往是没有意义的。

当然这是在夸张,但我想指出以下两点。

- "有时是不可能的"指的是像我们在上一节看到的那样,如果遗留代码在设计时就没有考虑到可测试性,那么对它补加单元测试是很困难的。即使你可以见缝插针地注入一些 mock 和 stub 来独立地测试一段代码,但在实践中,这通常需要花费很大的精力。

- 写测试"往往是没有意义的",因为重构并不总是限制在一个单独的单元内(面向对象语言中的单个类)。如果你的重构影响多个单元,那么你要进行的重构可能会让你的单元测试变得没有价值。例如,如果你要进行将现有的类 A 和类 B 合并为一个新类 C 的重构,那么事先为 A 和 B 编写测试就没有什么意义。作为重构的一部分,A 和 B 将被删除,所以他们的测试将不再能被编译,你必须为新创建的类 C 编写测试。

## 1. 单元测试不是"银弹"

如果重构会破坏单元测试,就需要有一个备份——对包含这些单元的模块的功能测试。同样,如果计划对整个模块进行大规模重构,就得为重构会破坏这个模块的所有测试做好准备。需要在更高级别上的测试,这样的测试才能在重构中保留下来。一般的原则是,应确保测试的模块化级别比受重构影响的代码高一级。

为此,建立一套能涵盖多个模块化级别的测试是很重要的(如图 4-10 所示)。在处理不是为了可测试性而设计的遗留代码时,通常最容易的是从外部开始,编写系统测试,然后尽可能地向内延伸。

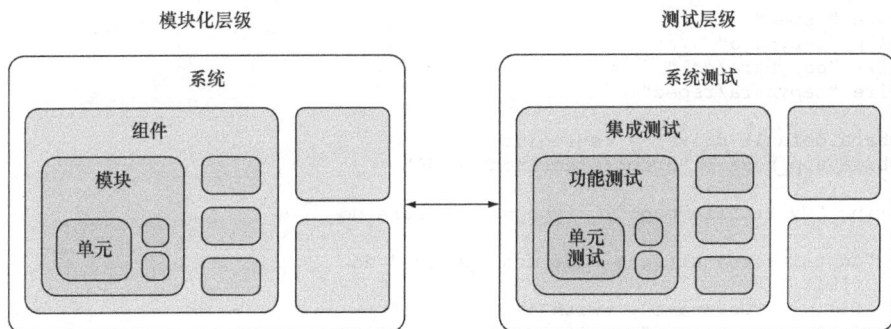

图 4-10 模块化级别及其对应的测试

## 2. 别过度追求测试覆盖率

由于测试覆盖率很容易度量,并且增加覆盖率是一项令人满意的消遣,因此很容易把过多的精力放到这上面。但是当你接手了测试覆盖率非常低的代码,并且你试图在那些不可测试的代码中补加测试时,要让测试覆盖率达到你认为可接受的水平可能需要巨大的努力。我看到过许多团队接手了测试覆盖率低于 10%的代码之后,花费数周的时间来尝试增加覆盖率,然后在达到 20%左右的覆盖率时放弃了,并且没有带来明显的质量或可维护性的改善。(我还看到一个团队接手了一个没有测试的大型 C#代码库,18 个月后他们实现了 80%覆盖率的目标,所以每个规则都有例外!)

制定武断的提高测试覆盖率的目标的问题在于，你将先从编写最简单的测试开始。换句话说，你会为下面这样的代码写好几十个测试：

- 很容易测试的代码（忽略了代码库中更重要但不太容易测试的部分）；
- 写得很好、易于理解的代码（即便代码评审就足以验证此代码是否能按预期工作）。

### 3. 自动化所有测试

大多数开发人员都同意单元测试应该完全自动化，但是其他类型的测试（如集成测试）的自动化水平通常要低得多。尽管我们希望在重构时尽可能频繁地运行这些测试，以便快速找到回归问题，但是如果它们依赖于手工操作，我们就不能这样做。即使我们有一支由自愿的测试人员组成的军队，在每次提交后重新运行整个集成测试套件，他们也可能会忘记运行某个测试或误读结果。此外，它会减慢开发周期。理想情况下，我们希望所有的回归测试都能达到 100% 的自动化，而不仅仅是单元测试。

一个迫切需要自动化的领域是 UI 测试。无论是测试桌面应用程序、网站还是智能手机应用程序，都有大量可用的工具可以帮助你进行自动化测试。例如，Selenium 和 Capybara 等工具可以使编写自动化 Web UI 测试变得很轻松。下面的代码示例是一段 Capybara 脚本，用来测试在本章前面看到的 World of RuneQuest 的玩家个人资料页。这个简单的 Ruby 脚本打开一个 Web 浏览器，登录到 World of RuneQuest，打开我的个人资料（My Profile）页，并检查它是否包含正确的内容，这一切都发生在几秒钟之内。

```
require "rspec"
require "capybara"
require "capybara/dsl"
require "capybara/rspec"

Capybara.default_driver = :selenium
Capybara.app_host = "http://localhost:8080"

describe "My Profile page", :type => :feature do

  it "contains character's name and species" do
    visit "/"
    fill_in "Username", :with => "test123"
    fill_in "Password", :with => "password123"
    click_button 'Login'

    visit "/profile"
    expect(find("#playername")).to have_content "Test User 123"
    expect(find("#speciesname")).to have_content "orc"
  end

end
```

以已知的测试用户登录 → `visit "/" ... click_button 'Login'`

打开 "My Profile" 页并检查页面的内容 → `visit "/profile"`

该测试可以轻松地在开发人员的本地机器上或者持续集成服务器（如 Jenkins）上运行。它还可以被配置为以无界面模式（headless mode）运行，不打开和操纵 Web 浏览器，以加快测试执行。

当然，不可能单独使用 UI 测试来测试应用程序中的所有内容，但是它们对测试套件是很有价值的补充，对于很难用其他方法测试的遗留代码来说尤其如此。

### 4.3.3 让用户为你工作

你已经完成了结对编程，进行了代码评审，运行了单元测试、功能测试、集成测试、系统测试、UI 测试、性能测试、负载测试、冒烟测试、模糊测试、摆动测试（好吧，最后这个是我想出来的），而且它们都通过了。这意味着你的软件没有 bug，对吧？

不，当然不是！无论你做多少测试，总会有一个模式你没能测到。从某种意义上来讲，你在发布之前运行的每个测试都是在尝试模拟典型用户的操作，而这是基于你对用户如何使用软件做出的最好的猜测。但是这个模拟的质量和精确性永远都不会匹配到真实的东西——用户自己。那么，为什么不好好利用这个不知情的测试大军呢？

有几种方式用用户数据来帮你确保软件的质量。

- 渐进式发布新版本，同时监控错误和回归问题。如果你开始看到异常高的错误数量，你可以停止这次发布，调查原因，然后，或者回滚到以前的版本或者解决这个问题，最后继续发布。当然，错误监控和后续的回滚是可以自动化的。Google 是一家以渐进式发布闻名的公司，其 Android 的主要版本需要花费数周才能应用到所有设备。

- 收集真实用户数据，并利用它来使你的测试更高效。当对 Web 应用程序进行负载测试时，很难生成反映真实使用模式的流量，那么为什么不记录一些真实用户的流量并将其馈送到测试脚本中呢？

- 执行新版本的隐藏发布——软件被发布到生产环境中，但用户尚不可见。将所有流量同时发送到旧版本和新版本中，这样你可以看到在真实的用户数据下，新版本是如何工作的。

## 4.4 小结

- 成功重构需要遵守纪律。以结构化的方式执行重构，并避免将其与其他工作同时进行。
- 移除陈旧代码和低质量的测试是一个很好的能让重构进行起来的方法。
- 使用 null 指针是一个非常常见的 bug 源，无论你使用什么语言。
- 不可变状态优于可变状态。
- 使用标准设计模式将业务逻辑与实现细节分离，或者使复杂的业务逻辑更易于管理和组合。
- 使用视图适配器模式将复杂的逻辑放到应用程序的视图层之外。
- 当心名称中包含 Util 的任何类或模块。
- 引入一个间接层，以便在测试中注入 mock 依赖。
- 单元测试不是银弹。你需要在多个抽象级别上进行测试，以防止重构造成的回归问题。
- 自动化运行尽可能多的测试——不仅是单元测试。

# 第 5 章 重搭架构

**本章主要内容**

■ 将单块（monolithic）代码库分为多个组件

■ 将 Web 应用程序分为一组服务

■ 微服务（microservice）的利与弊

在第 4 章中，我们研究了在源代码级别做出改善的重构技巧。但重构只能帮你这么多，有时你需要想得更大更远。在本章中，我们将讨论如何通过将软件拆成更小、更可维护的组件来改进软件的结构。我还将讨论将应用程序拆分为多个服务（微服务或其他）并通过网络进行通信的优缺点。

## 5.1 什么是重搭架构

不要太在意重构和重搭架构之间的区别。它们就像一枚硬币的两面。重构和重搭架构的重点都是更好地改变软件的内部结构，而不影响其外部可见的功能。

重搭架构是比方法和类更高级别的重构。可以把它想象为大型的重构。例如，重构时可以将一些类移动到单独的包中，而重搭架构可能会涉及将它们从主代码库移动到单独的代码库中。

将应用程序拆分为组件模块或成熟服务的主要目标如下。

■ 通过模块化内建质量。小软件的缺陷密度通常比大软件低。（参见 Yashwant K. Malaiya 和 Jason Denton 对模块大小和缺陷密度之间的关系所做的学术研究 "Module Size Distribution and Defect Density"，www.cs.colostate.edu/~malaiya/p/denton_2000.pdf。）

如果你将一个大软件拆分为一些较小的部件，并且假设软件整体的质量与其部件的质量相同，那么理论上质量应该会提高。（当然，这是一个很大的假设，事情并不总是那么简单，你需要将模块连接在一起，让它们互相交互，而这有可能会引入一个新类别的 bug。）

■ 良好的设计保障可维护性。通过拆分应用程序，你可以提升关注点分离的设计目标。每个组件都很小，它只做一件事，它的接口（其他组件期望它做的事情）是明确定义的，这会使得代码比那些有许多移动部件的大型应用程序更容易理解和变更。

■ 通过独立达到自治。一旦将应用程序拆分为组件，每个组件即可由一个单独的开发团队来维护，他们可以使用自己选择的工具。在（微）服务的情况下，每个服务甚至可以用不同的语言实现，因此团队可以自由地选择任何最适合他们的技术。团队还可以选择以适合他们的速度发布其组件的新版本。

这种自治使得多个团队工作在同一个应用程序上，这给工作带来了明显的并行化便利，可以提高开发速度，并使得新功能可以更快地交付给用户。

拆分大型应用程序可以提升其模块化的程度，这通常是一件好事，但也有潜在的问题。虽然源代码的复杂性应该减少（因为相对于原始单体应用，每个模块很小的自包含的），但是该源代码的管理将变得更加的复杂，因为现在有多个模块而不是只有一个。你需要管理所有这些模块的构建，也许还需要单独对它们进行版本控制，并将它们再打包在一起，这样你的构建脚本和工作流程将变得更多更复杂。如果你拆分为分布式服务，它甚至会变得更加复杂，因为你将需要编写（或自动生成）和维护客户端代码，以允许每个服务与其他服务进行通信。

我将在本章中讨论每种方法的优缺点。先让我们来看一个较简单的方法，把一个单块代码库拆分成多个模块。然后我们将继续讨论将这些模块分离为单独服务的更激进的步骤，其中这些服务通过 HTTP 或其他网络协议互相通信。

---

**术语**

在我们深入之前，我想澄清我使用的某些词语的意思。其中一些的意思非常含糊，所以你的定义可能与我的不同，但请以我的为准。

■ 单块代码库——这种代码库中的所有源代码都在一个文件夹中管理，并被构建为一个二进制文件。在 IDE 里，所有的东西都在一个项目中。用 Java 术语来描述，就是所有的东西都包含在同一个 JAR 文件中。

■ 模块（或组件）——指应用程序源代码的一部分，该源代码在单独的文件夹中管理，并被构建为一个单独的二进制文件。模块提供了一个给其他模块使用的接口，使得模块之间对彼此的实现一无所知。用 Java 术语来描述，就是通常每个模块对应一个 JAR 文件，所有的 JAR 文件放在同一个类路径上以运行应用程序。

■ 单体应用程序——这种应用程序运行在一台机器上，且完整地运行在一个进程中。它可以由一个单块代码库或一组模块构建而成。

■ 服务——与应用程序其他部分隔离的一部分软件，它只能通过基于网络协议（如 HTTP 或 Thrift）的消息进行通信。服务通常使用与语言无关的格式（如 JSON 或 XML）发送和接收消息。服务在自己的进程中运行，通常运行在与其他服务独立的机器上。一个跨多个服务分布的应用程序通常称为面向服务架构。

■ 微服务——一种特别关注解耦和有界上下文的面向服务架构。（感谢 Adrian Cockcroft，我将他的定义转述到了这里。）现在对这个术语不做解释，我们将在本章后面对它进行更详细的讨论。

## 5.2　将单体应用程序分解为模块

如果你已经在方法或类级别尝试过细粒度的重构，但是你发现软件在更高级别仍然缺乏清晰度和结构，那么你可以先尝试将其分解为模块。因为每个模块都必须提供一个接口，以便其他模块与其交互，所以这种划分过程将促使你理清应用程序的各个部分，以及这些部分是如何依赖并相互交互的。

### 5.2.1　案例研究——日志管理应用程序

本节将采取案例研究的形式。我将和你一起回顾我几年前完成的一个大型 Java 应用程序的模块化工作。

该应用程序是针对中大型企业的集成日志管理的解决方案。它有以下几个主要功能。

- 日志收集——你可以通过各种方式将日志数据导入系统，如通过 FTP 上传日志文件或使用 syslog 协议发送日志文件。
- 存储——日志被写入定制的数据库，该数据库针对日志存储和检索进行了优化。
- 实时告警——用户可以注册告警条件，以便他们在告警条件（例如，一分钟内出现大量包含 "错误" 一词的日志）出现时能够收到电子邮件的通知。
- 搜索——一旦日志写入数据库，你就可以使用关键字、时间戳等条件搜索感兴趣的日志。
- 统计——用户可以生成图表来显示其日志的统计信息，例如显示他们的邮件服务器前一天每小时处理了多少电子邮件。
- 报表——搜索结果、告警结果和统计信息能够以一种格式（如 HTML 或 PDF）合并为一个单个报表。报表可以定期运行并通过电子邮件发送。
- 用户界面——有一个 Web 应用程序允许用户在他们的浏览器上使用和配置应用程序。

#### 1. 起点

该应用程序起初是以一种略微非常规的半单体架构风格构建的。代码库是单块的，但是应用程序被部署为两个服务，它们通过 Java RMI（远程方法调用）进行通信。图 5-1 较详细地展示了其源代码的组织和架构。

源代码分为 3 个主要包：core、ui 和 common。此源代码的子集随后打包为两个服务：Core 服务（命令行 Java 应用程序）和 UI 服务（在 Tomcat 上运行的 Struts Web 应用程序）。这些服务使用 Java RMI 进行通信。

将代码拆分为两个服务的原因是可扩展性。对于具有大量日志数据的大型企业，可以选择部署 Core 服务的多个实例，从而可以一次性地将更多的日志记录到系统中。由于 Core 服务还包含搜索引擎，因此可以在多台机器上分配搜索请求，以提高搜索的性能。拥有多个 UI 实例没有什么意义，因此系统被设计为具有一个 UI 实例和一个或多个 Core 实例。

构建和打包是使用复杂的 Ant 脚本进行的，依赖关系管理由一个全是 JAR 文件的文件夹组成。

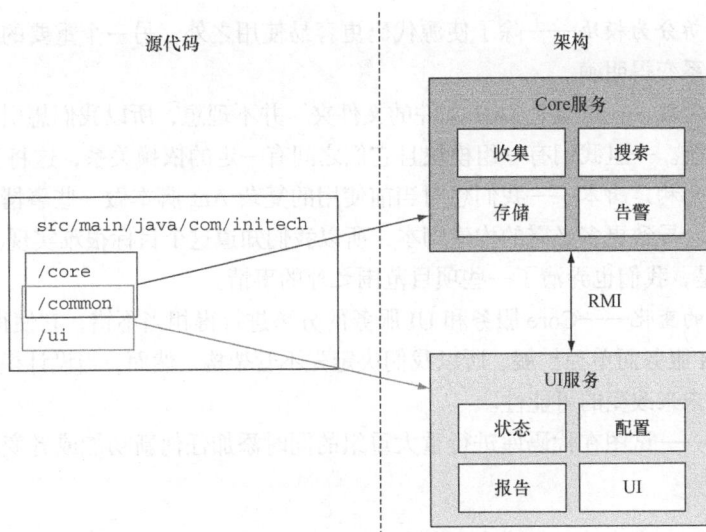

图 5-1 模块化之前的日志管理应用程序

## 2．背景

多年前，这个日志管理应用程序是作为一个内部工具开始编写的，随后逐步发展成为一个完整的业务应用程序，所以设计的一些部分是由历史的偶然事件造成，而非仔细规划后的结果。

尽管应用程序包括用于生成日志报表的报表引擎，但是并没有一个单独与此引擎对应的 Java接口。相反，报表生成的代码分散在许多紧密耦合的类中，并且这些类与应用程序的其他部分也耦合在一起。

由于过度的耦合，应用程序的一些部分也非常难以测试，并且测试覆盖率低。开发团队也花费了一定的精力来提高测试覆盖率，但在面对不可测代码时也陷入了僵局。很多代码还依赖于几个包含工具方法的大的上帝类。

**上帝类** 上帝类（或上帝对象）是面向对象编程中的反模式，主要原因是对象做了太多的事情。它知道系统中的一切，与过多的对象耦合，并常常控制过多的对象。

尽管进行了大量的重构工作，但是开发速度一直稳步下降，代码质量已经达到了一个平台。开发人员对源代码（特别是缺乏结构和可测性）以及相当陈旧的工具链越来越感到失望。

## 3．项目目标

这个模块化项目的目标如下。

- 引入显式接口——给每个应用程序的主要特性引入相应的 Java 接口，这不仅是实现模块化重要的第一步，而且还将使测试更容易。模块只能通过这些接口进行交互，所以它变得很容易在测试中注入 mock 实现。

- 将源代码拆分为模块——除了使源代码更容易使用之外,另一个重要的好处是模块之间的依赖关系变得明确。
- 改善依赖管理——"全是 JAR 文件的文件夹"并不理想,所以我们想引入一个适当的依赖管理系统。一旦我们有一组模块且它们之间有一定的依赖关系,这将变得特别重要。
- 清理并简化构建脚本——我们想对当前使用的复杂 Ant 脚本做一些事情。将代码库拆分为模块后会导致更多必需的构建脚本,所以我们知道这个目标很难实现。

同样重要的是,我们也弄清了一些项目范围之外的事情。

- 系统架构的变化——Core 服务和 UI 服务的分离进行得相当不错,它使得 Core 服务可以独立于 UI 服务而单独扩展,所以我们决定先不管架构。然而,当设计模块时,我们要牢记架构在未来改变的可能性。
- 功能更改——试图在代码库进行重大重组的同时添加任何新功能或者变更实际都是在自找麻烦。

## 5.2.2　定义模块和接口

第一步是决定在项目完成时我们(开发团队和我)期望代码库处于什么样的状态。我们很自然就想到了模块结构,即应用程序的每个主要特性都是一个模块。图 5-2 展示了我们设想的最终模块。

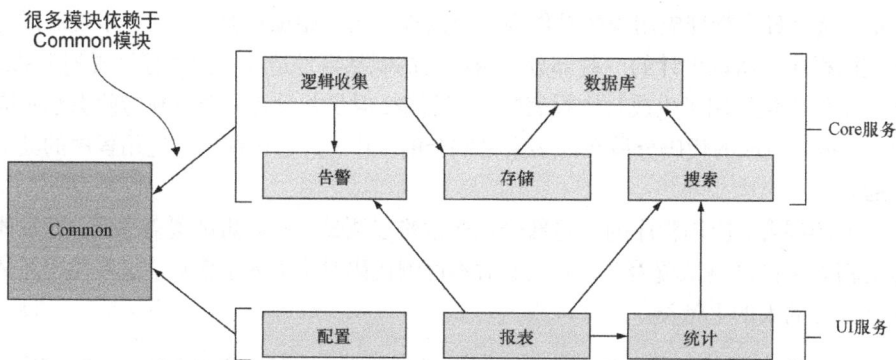

图 5-2　期望的模块结构。箭头表示模块间最重要的依赖关系(从一个模块到另一个模块的箭头表示一个依赖关系)

**决定应用程序的结构**

当决定应该如何组织应用程序时,无论是设计包结构还是将应用程序拆分为模块,我都尽力将最终用户牢记在心。

每个组件的目的应该单一,并且很容易用一句话将其解释给一个典型的用户。例如,Storage 模块可以被描述为"在磁盘上可靠地存储日志数据的组件"。这种定义组件的方法有助于实现合适粒度级别的组件:

- 没有组件有太多的职责,因为它的目的只能在一句话中解释;
- 每个组件做一件有益的事情,所以组件的粒度不会过细。

Core 服务和 UI 服务也以模块的方式实现。每个服务模块将依赖于该服务中的所有模块，负责将它们连接在一起，并提供 Java 应用程序的入口。

注意，数据库模块独立于搜索和存储。这是一个专门针对日志数据存储而定制设计的高度优化的数据库。尽管它运转良好，然而维护和支持却是一个很大的负担。在当时，有一些有意思的开源技术开始出现在日志管理领域，所以我们希望将来能够将该数据库迁移到其中的一个开源产品。

代码库中有大部分的代码严重依赖于一些工具类。将这些依赖关系分离并不是不可能，但需要巨大的重构工作。因此，我们决定反过来简单地创建一个 Common 模块，将这些工具类全部集成在一起，并且在必要时可以让所有其他模块都依赖于 Common 模块。

## 5.2.3 构建脚本和依赖管理

随着计划的形成，是时候开始动手了。于是我们开始定义所有模块的骨架，包括构建脚本、依赖管理文件和标准目录结构。随后我们开始将代码移动到模块中。

对于构建脚本，我们想要用更现代的东西替换 Ant。原始的 Ant 文件相当复杂，主要是因为它需要为多个平台构建可分发的包，每一个都包含捆绑的软件，如 JRE、Perl 运行时和应用程序服务器。它还必须复制一些专有库的许可证密钥。用 Ant 的限制性 XML DSL 来编写和维护所有这些逻辑是相当痛苦的。

我们尝试了几种不同的工具，包括 Maven、Gradle 和 Buildr，但最后还是决定在短期内继续使用 Ant，因为这是当时最简单的方式。我们已经有了很多可以复用的 Ant 任务，所以我们可以快速启动并运行，以后可以重新审视这些问题。做了一些实验之后，我们最终得到了一个公共的 Ant 文件（build.xml），它可以在所有模块之间共享，同时在每个模块中包含一个简短的 build.xml，它引用公共的 Ant 文件并提供针对模块的自定义配置。这种情况实际上比原来那个 Ant 文件还要糟糕，因为它需要的总的 XML 的行数更多，并且每个模块的构建文件中都有一些冗余，然而它却足以让我们开始着手分离代码库。

我们还需要一个依赖管理工具，以便明确每个模块对其他模块和第三方库的依赖关系。我们决定使用 Apache Ivy。我们想将每个模块打包为一个单独的构建产物（JAR 文件），因此我们搭建了一个 Artifactory（https://www.jfrog.com/artifactory/），它是一个内部 Ivy 仓库服务器。这允许我们将每个模块的构建产物发布到中央仓库，这样其他模块就可以从该仓库对其进行引用。

对于每个模块，我们将接口和实现分离为单独的构建产物，如 stats-iface.jar 和 stats-impl.jar。前者仅包含 Java 接口和模型类，而后者包含具体的实现。

将接口和实现分离为单独构件的意义在于，模块将仅能够依赖于其他模块的接口，而不是它们的实现类。通过将它们分为两个构建产物，我们可以在编译时类路径上仅包含接口构建产物，从而确保这种依赖关系。

这种方式带来的麻烦似乎比收益多，但是我们这样做除了有技术原因，还有心理原因。我们想告诉自己，绝对不能让应用程序的一个组件依赖于另一个的实现细节，无论它是多么地诱人。

我将搭建步骤总结在图 5-3 中。应用程序的构建产物被发布到 Artifactory，主要是为了方便 Jenkins 的使用。我们想要为每个模块创建单独的 Jenkins 作业，以便它们快速地运行，同时 Artifactory 使得作业之间共享构件变得容易。

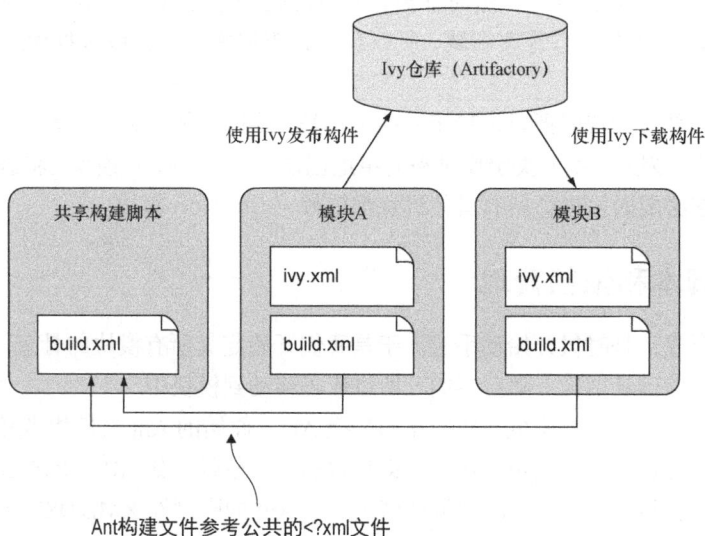

图 5-3　使用 Ant 和 Ivy 构建脚本与依赖管理

## 5.2.4　分拆模块

一旦模块框架就位，定义接口并将源代码移动到模块中就相对容易。我们从最简单的模块开始，它恰好是统计引擎模块。这个模块已经相当独立，并且有一个清晰的接口定义，因此绝大多数代码可以按原样使用。

其他模块需要花费更多的努力来提取，因为它们没有定义接口且有大量的依赖，通常是循环依赖。我们使用了大量的依赖分析工具来定位这些循环依赖，在经过了许多次耐心的重构之后，我们成功地将它们分开了。

在一些地方，我们最终得到的接口很不合规，这是由于模块之间的紧密耦合所导致的。为了创建一个报表，报表模块的 ReportEngine 需要调用者（UI 模块）的各种信息和帮助，所以我们最后创建了一个 ReportEngineHelper 接口，并让调用者提供它的实现。方法签名看起来像下面这样：

```
interface ReportEngine {
    ReportResult createReport(ReportRequest request, ReportEngineHelper helper);
}
```

我们的首要任务是将代码分成模块，因此我们容忍了这些特有的风格，因为它们是我们达到目的一种方法。随后我们能够通过调整模块之间的边界，来整理其中的绝大多数。

## 5.2.5 引入 Guice

现在我们有了一组不错的独立模块，每个模块的接口与其实现都是完全分离的。这看起来很不错，但有一个问题：每当你想使用一个模块时，你需要详细了解该模块的实现。例如，要使用stats 引擎计算一些统计信息时，需要编写如下代码：

```
StatsEngine statsEngine = new StatsEngineImpl(new SearchEngineImpl(), ...);
statsEngine.calculateStats(...);
```

这并不理想，原因有以下两个：

- 客户端模块不得不考虑实例化 StatsEngine 的具体实现，包括实例化和传递其所有构造函数参数的一切繁琐细节；
- 它需要在编译时依赖 stats-impl.jar，因此很容易无意间依赖了客户端模块不应该知道的实现类。

为了解决这个问题，并将接口绑定到实现所需的引用最小化，我们引入了 Guice，它是 Google开发的依赖注入框架。

在这样的设置下，应用程序的每个模块都将提供一个相应的 Guice 模块，该模块负责将应用程序模块的接口绑定到其实现。如果 Stats 模块像下面这样暴露了 StatsEngine 接口：

```
interface StatsEngine {
    StatsResult calculateStats(StatsRequest request);
}
```

并且有像下面这样的实现：

```
public class StatsEngineImpl implements StatsEngine {
    @Inject
    private SearchEngine searchEngine;
    public StatsResult calculateStats(StatsRequest request) {
        SearchResult searchResult = searchEngine.search(...);    计算
        return result;                                    ←——┘ stats……
    }
}
```

那么它也会暴露其 Guice 模块中的实现绑定：

```
public class StatsModule extends AbstractModule {
    @Override
    protected void configure() {
        bind(StatsEngine.class).to(StatsEngineImpl.class);
    }
}
```

这样，任何想要使用 Stats 模块的模块只需要在编译时依赖接口和 Guice 模块，而在运行时依赖具体的实现。

将 Guice 引入到应用程序带来了一个不错的副作用：它同时鼓励了开发人员在模块中编写模块化的、可测试的代码。我们发现 Guice 是一个要么全有要么全无的类库，也就是说，一旦你将 Guice 添加到代码库，在你的代码库中不使用 Guice 就会变得很难，于是它就像野火一样在代码库中蔓延。不知不觉中，整个代码库就都 Guice 化了！

## 5.2.6　Gradle 来了

到这个时候，代码状况已经很好了，但我们对用于构建和依赖管理的 Ant 加 Ivy 的设置仍然不很满意。我们对切换到 Gradle 非常感兴趣，我们在项目开始时对它进行过评估，那个时候它还很不成熟，并且有一些关键的 bug 阻止了我们使用它。然而，它发展得很快，到几个月后我们对其进行重新评估时，所有给人印象深刻的 bug 都已经被修复，我们感觉有足够的信心开始使用它了。于是，我们将构建工具从 Ant 转换到 Gradle，并取得了巨大的成功。

切换到 Gradle 有如下几个主要好处。

- 它是为多模块项目设计的——Ant 并没有模块的概念，虽然 Maven 可以处理模块，但它不会处理得这样优雅。相反，Gradle 是专门为多模块项目设计的。我们能够摆脱每个模块对应的 Ant 和 Ivy 文件，并将所有内容合并到一个构建文件中。模块之间的依赖关系很容易表达，一切得心应手。
- Gradle DSL——可以用 Gradle 简洁且强大的 DSL 编写所有内容，也能够在构建文件中编写标准的 Groovy 代码，相比使用 Ant 的 XML 方式来表达复杂的构建逻辑，Gradle DSL 当然是更好的选择。
- 插件——Gradle 有一个强大的插件系统，我们能够编写插件来处理更复杂的构建任务。

我现在仍然是 Gradle 的铁杆粉丝，在第 9 章讨论如何改善开发工作流程时，会再次介绍它的优点。

## 5.2.7　结论

到这个模块化项目结束时，我们引入了很多新技术：Gradle 替换了 Ant，Guice 用于依赖注入，有些开发人员将他们的 IDE 从 Eclipse 切换到 IntelliJ（主要是因为其对多模块项目的卓越支持）。

试图同时掌握所有这些新技术是开发人员遇到的一个问题。我们采取了各种方法来帮助他们上手。

- Guice——组织了一次为期半天的学习会议和实践会议，解释了它是什么，它是如何工作的，以及我们为什么引入它。
- Gradle——有两个开发人员在项目结束时对 Gradle 非常了解。对于其他的开发人员，我们提供了基础培训，包括如何安装 Gradle、常用命令等，并让对其感兴趣的人自己去探索更多高级的内容。那两个有丰富 Gradle 知识的开发人员也逐渐将他们的知识传播到整个团队。
- IDE——我们让开发人员自由选择 IDE，他们可以继续使用 Eclipse 也可以切换到 IntelliJ。

　　尽管难以定量地度量这个项目对开发人员生产率的影响，但项目完成后的几个星期里收到了很多口头上的反馈，这些反馈表明开发人员发现代码比以前更容易使用。他们还被使用新技术的机会所激励。

　　总的来说，这个项目是成功的，因为它使代码库更适合未来的变化。例如，它为开发人员提供了尝试对系统架构进行重大变更的机会，如转向完全成熟的其每个模块作为单独服务运行的面向服务架构。如果没有将代码库拆分为模块的初始步骤，这将非常难以实现。

　　一个可以改进的点是与正在使用现有代码库的其他开发人员的协调。通常，我建议在主开发分支上进行重构，或者定期将开发分支合并到重构分支，以避免分歧和大量的合并。但在这种情况下，我们对软件的结构进行了这样的根本性改变，要做到这一点其实非常困难。

　　我们采用人工方式跟踪开发分支上的变化，并定期进行手动合并，以保持模块化分支是最新的，这种方式非常痛苦并且相当危险。我们还必须在项目结束时冻结开发大约两天的时间，以便我们能够将每个人切换到新的代码库。事后看来，我们应该在这方面花费更多的时间，让过渡更平滑更渐进。

# 5.3　将 Web 应用程序分发到服务

　　在上一节中，你看到了一个案例研究。在这个案例中，我们将代码库分为几个模块，但我们并没有对系统架构做任何的变更。这一次，让我们探讨一些不同的架构风格，我们可以将它们用在生产环境中部署和运行应用程序。具体来说，我们将研究把一个 Web 单体应用程序重搭架构为面向服务架构的优缺点。最后，我们将讨论一个概念——微服务，它可以说是最纯的面向服务架构精华。

## 5.3.1　再看一下 Orinoco.com

　　在第 3 章中我们介绍了 Orinoco.com，一个很受欢迎的电子商务网站。我们将在本节中再次使用 Orinoco.com 作为示例，因此让我们来回顾一下，并给出更多有关当前实现的细节。

　　Orinoco.com 是一个电子商务网站，你可以在这个网站上购买从书到蓝莓等各类物品，它每月的流量大约为 1 亿次页面浏览。这种流量通常是相当稳定的，但它的峰值在一年中会有几次大幅攀升，如黑色星期五和剁手星期一。网站的主要功能包括产品清单、搜索、推荐、结账、我的页面和用户验证。

　　该网站目前的实现是一个 Java servlet 单体应用程序。为了处理繁忙的流量和支持冗余，运行的应用程序有多个实例，前端是一个负载均衡器平衡负载。该网站由 Oracle SQL 数据库提供数据支持。其架构如图 5-4 所示。

　　该网站由几十个全栈开发人员维护，他们负责从 UI 的 HTML、CSS 和 JavaScript，到用于产品推荐的机器学习算法的一切内容。网站还有一个运维团队，他们主要负责网站的顺利运行，另外，还包括一个质量保证团队和一个视觉设计师团队。

　　这么大的一个遗留代码库以及这么多的人向其提交变更，因此发布必须小心。目前，开发人员每两周发布一次，但测试人员一直抱怨没有足够的时间完成手动测试，因此他们正在考虑改用

3 周的发布周期。在过去的几年里，网站变得越来越复杂，而开发速度也明显越来越慢。同时即使进行了所有的手动测试，有时还会引入严重的 bug，所以也会偶尔出现紧急发布或回滚。

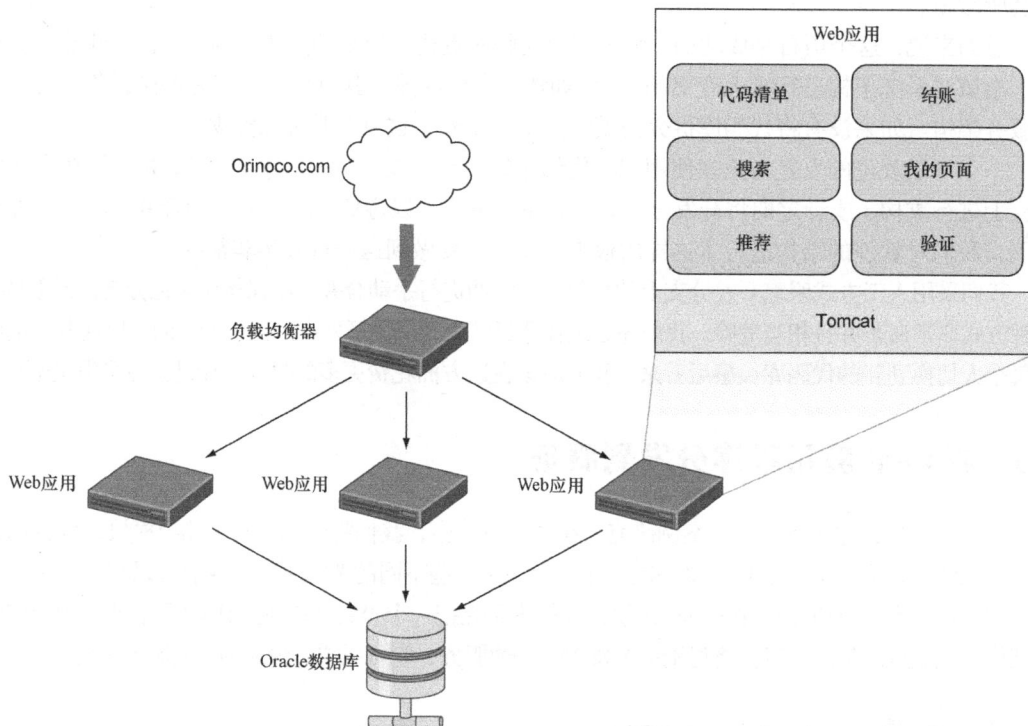

图 5-4　Orinoco.com 的当前架构

　　产品经理迫切希望为 Orinoco.com 开发和发布智能手机应用程序，但这将需要向站点添加 REST API，而公司没有多余的开发资源来构建它。

## 5.3.2　选择一个架构

　　Orinoco.com 的开发人员正在考虑重搭其应用程序架构，主要目的是提高可扩展性，以处理感恩节周末的重负载，并提高开发速度。表 5-1 比较了他们可以选择的一些架构方案。

表 5-1　各种 Web 应用程序架构的比较

| 架　　构 | 技术优势 | 技术挑战 | 组织优势 | 组织挑战 |
| --- | --- | --- | --- | --- |
| 单体  | ・ 低延时<br>・ 开发简单<br>・ 没有重复的模型/验证 | ・ 伸缩<br>・ 由于代码库过大引起的复杂度<br>・ 意想不到的交互的危险 | ・ 特性内沟通的开销低 | ・ 失败的恐惧<br>・ 特性间沟通的开销大 |

续表

| 架　　构 | 技术优势 | 技术挑战 | 组织优势 | 组织挑战 |
|---|---|---|---|---|
| 前端+后端 | • 能够单独扩展前端和后端<br>• 将业务逻辑与表示分离<br>• 能够复用后端并构建多个前端 | • 由于网络调用引起的复杂度 | • 专业性<br>• 能够更快地迭代前端<br>• 通往面向服务架构的阶梯 | • 沟通开销<br>• 知识壁垒<br>• 前后端开发互相阻塞 |
| 面向服务架构（SOA） | • 细粒度的伸缩性<br>• 隔离<br>• 封装 | • 运维开销<br>• 延时<br>• 服务发现<br>• 跟踪/调试/日志记录<br>• 热点服务<br>• API 文档，客户端<br>• 集成测试<br>• 数据碎片 | • 自治 | • 自治程度的困境<br>• 重复工作的风险 |
| 微服务 | • 与面向服务架构一样，只会更多 | • 与面向服务架构一样，只会更多<br>• 隐性耦合的风险 | • 由于有界上下文会产生更多的自治 | • 意味着需要 **DevOps**<br>• 需要一个平台团队<br>• 需要思维方式的重要切换 |

表 5-1 中有很多信息，让我们逐个架构详细地了解一下。

### 5.3.3　继续采用单体架构

当然，Orinoco.com 开发人员最容易的选择是，不做任何事情，继续保留现有的单体架构。在当前架构中，他们遇到了一些问题，但它也有许多优于分布式架构的好处。

#### 1．技术优势和挑战

在单体应用程序中，你不必通过网络调用来获取所需的数据或做某些事情。一切都只是一个方法调用（或最多一个数据库调用）。调用方法的成本为纳秒级，而对在数据中心其他地方的远程服务的一个 REST API 调用将花费毫秒级的时间或者更长的时间。

这种架构有两个好处：第一，假设你的数据库查询已经进行了不错的优化，代码没有做些太疯狂的事情，那么网站应该相当快；第二，开发相对简单，因为开发人员无需担心与调用远程 API 相关的各种挑战（稍后我们将做讨论），相反他们只需调用一个方法然后得到结果。

例如，如果 Orinoco.com 开发者想要在产品页面添加一个面板以显示相似的产品清单，并提供针对特定用户的定制推荐，那么他们只需要在推荐引擎上调用合适的方法：

```
List<Product> similarProducts =
    recomEngine.getSimilarProductsForUser(productId, userId);
```

将整个应用放在一个进程中有一些缺点。例如，只能通过部署整个应用程序的多个副本来扩展应用程序处理负载的能力。虽然这种粗暴的方法很简单，但它是一个相当浪费硬件资源的使用方法，因为通常在应用程序中只有几个热点区域需要扩展。一种更有效的方法是，在一些便宜的机器上运行应用程序的大部分，而在更好的硬件或更多的机器上运行高能耗的部分。

一个单体应用程序背后通常有一个单块代码库。就如 Orinoco.com 开发人员所发现的一样，它对开发速度的影响很坏，而其原因仅仅是在一个地方有太多的代码了。这个问题很难理解和解释。如本章前面所讨论的，它可以通过将代码库清楚地划分为多个模块而得到部分的缓解。

但是，只要你将所有的模块部署在同一个物理进程中，它们就能够以不可预期和烦人的方式互相影响。例如，如果 Orinoco.com 的搜索引擎为了更新其索引，需要每小时都运行 CPU 密集型的处理，那么它会减缓整个网站的速度。或者网站上两个不相关的部分意外地开始共享一个线程池，从而导致性能出现一些不可思议的下降。最糟糕的是，如果推荐引擎中的 bug 导致了死循环，那么整个网站都会突然崩溃！

因为这些问题是由功能之间的意外交互引起的，所以它们不太可能被单元测试捕捉到。事实上，因为单元测试应该模拟被测试功能之外的所有其他部分，所以单元测试是不应该发现这些问题的！如果你有集成测试，那么你就有较好的机会找到那些由于功能之间交互造成的问题。但是在大代码库中可能发生的一些 bug，特别是那些涉及线程或资源泄漏的 bug，是非常模糊和复杂的，以至于你很难发现它们，直到它们在生产环境中发生。

**复用的危险**

虽然有关复用导致 bug 的定量数据很难找到，但是以我的经验，很大一部分 bug 是由于一段代码以不符合其最初设计的方式复用而导致的。

例如，一个开发人员编写了功能 A，该功能包括一个工具类，假设这个工具类是用来验证模型对象的。6 个月之后，另一个开发人员要接着添加功能 B。他们发现了这个工具类并决定复用它。他们将它移动到一个通用的包中，并根据自己的需求进行了调整，稍微改变了它在进程中的行为。但这导致了这个工具类的单元测失败，于是他们又更新了单元测试以匹配新的行为。现在功能 A 被神秘地破坏了，并且没有人发现。

你在一个地方拥有的代码越多，由于复用引起的这种回归问题出现的可能性就越大。如果将功能 A 和功能 B 拆分为独立的服务，那么你最后可能会复制一些代码，但至少功能 A 的代码将与为功能 B 进行的任何变更相隔离。

在一个单体应用程序中，功能之间完全缺乏隔离是一个主要的问题，这可能是支持转向更分布式方法的最强有力的论据。如果 Orinoco.com 的搜索和推荐作为独立的服务运行，那么它们可以随意失败，网站的其余部分仍然能继续运行。

**2．组织利益和挑战**

在组织方面，开发人员之间的沟通方式往往会根据系统架构的不同而不同。在单体架构的情况下，只有一个单独的团队（甚至单个开发人员）来实现一个给定的新功能，因此几乎不需要对该功能进行沟通。

如果开发者想要向 Orinoco.com 添加一个新的 A/B 测试，他们可以这样实现整个任务：先添加一个新的 DB 表来保存目标用户清单，然后添加后端代码来检查用户的分段，记录页面的访问量，最后更新 UI 以包括 A 模式和 B 模式。任何其他开发人员在任何时候都不需要咨询任何有关接口的细节。开发人员可以根据需要反复地调整内部接口，因此开发能够快速进行。

缺乏沟通可能很危险。因为每个人的代码都必须在同一个进程中肩并肩地运行，开发人员需要密切地了解每个人的变更以及他们可能对彼此产生什么影响。虽然乍看起来，为了完成任务，开发人员似乎不需要进行沟通，但实际上，他们花费了大量的时间检查其他开发人员的更改，讨论功能之间不必要交互的解决方法，以及读取代码库来构建各类隐性知识。因此，实际上发生了大量的沟通，但这些沟通是非结构化的、隐形的、分散的。

每当开发人员偏离他们正在处理的特定功能，并触碰了可能影响其他开发人员的代码时，沟通开销就会突然激增。如果他们想要更改被程序的许多不同部分使用的代码（如 Orinoco.com 中的用户验证代码），那么他们可能需要先与几十个开发人员核对，然后才能继续开发。显然，这会减慢开发速度，并且随着共享代码库中开发者数量的增加，情况会变得更糟。并且当一个开发人员想要在整个代码库上进行大规模重构的时候，其他的开发人员有可能几天都不能工作。

最后，将网站作为一个单体应用程序运行，就如把所有的鸡蛋都放在一个篮子里，这意味着 Orinoco.com 开发人员需要承担很大的风险。即使那个最小的、看起来最无辜的 bug 也能够拖垮整个站点，这会形成一种恐惧改变的文化。故障是不可容忍的，所以每次发布之前，团队都要投入大量的时间和精力进行测试。这种做法又会减慢开发速度，并使发布周期变得更长，从而导致向市场发布新功能和获得用户对这些功能的反馈的时间变得更长。将应用程序中不太重要的部分（如产品推荐）拆分为单独的服务将是改善这种情况的一种方式。

## 5.3.4　前后端分离

Web 应用程序的另一个常见架构是将前端和后端作为单独的服务运行。后端实现应用程序的业务逻辑，通常包括一个关系型数据库或其他数据存储。前端应尽可能薄且不包含业务逻辑，它的职责是向用户展示应用程序。前端可能是传统的 Web 应用程序，在服务器端生成 HTML 页面，或者在用户浏览器中运行 JavaScript 的客户端前端，它使用诸如 AngularJS 或 Backbone.js 这样的 JavaScript 框架。

后端通过 API 暴露其功能，并且这两个服务将仅通过此 API 进行通信，通常通过协议（如 HTTP）以与语言无关的格式（如 JSON）发送消息。这个 API 封装了输入验证、事务管理、数据库模式等的所有细节，并向前端屏蔽了不必要了解的知识。

**1. 技术优势和挑战**

将应用程序分为两个服务的一个好处是更细粒度的可伸缩性。前端通常比后端耗能更少（尤其是，如果它只提供静态 HTML 和 JavaScript），所以它可以在更少的服务器上运行。

更重要的是，前后端分开的主要意义在于关注点的分离。通过将业务逻辑（应用程序的内核）与表示层分离，代码应该更容易理解，应用程序更易于变更。这两个服务在概念上（和物理上）通过 API 隔离了，因此只要接口不变，任何一方都可以自由地进行内部更改。例如，Orinoco.com 开发人员可以自由地调整后端推荐引擎中使用的算法，而不必担心它对 UI 的可能影响。

用后端暴露 API 的另一个好处是它可以供多个前端使用。例如，Orinoco.com 开发人员想要构建一个智能手机应用程序使用的 API。他们可以将其实现为一个单独的前端服务，像网站一样，与同一个后端服务进行通信。由于所有的业务逻辑都在后端实现，前端相对简单，因此可以快速地实现新的前端。图 5-5 显示了将来 Orinoco.com 实现了多个前端之后的架构。

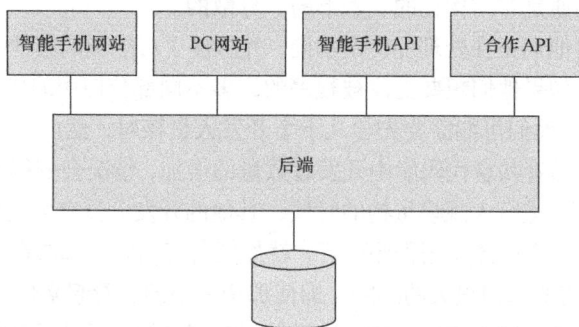

图 5-5　有多个前端且相互隔离的 Orinoco.com

但是，前后端彼此隔离是需要付出代价的。相对于仅仅调用一个方法，它们之间交互的复杂度会增加一个数量级。所有通信都是通过网络进行的，因此需要处理一种全新的潜在错误类型——而发生这些错误之一的概率相当高。API 调用可能无法连接到远程服务器，或者它们可能需要过长的时间才能返回。更糟糕的是，如果网络有问题，并且你忘了在客户端设置超时，那么它们可能会永久地挂起。

即使后端设法及时地响应前端，它返回的数据可能也不是前端所期望的。后端开发人员需要非常小心，不对其 API 做任何的破坏性变更，而前端开发人员则必须进行防御式编程，同时记住从后端返回的任何数据都可能无效。

开发人员还需要为后端 API 编写和维护一个客户端，或者如果他们决定使用不同语言实现多个前端，则可能需要编写和维护多个客户端。此客户端可能包括以下功能：API 调用的自动重试；用于避免后端在负载压力下超载的断路器；用于在有多个后端实例运行时可以发现其中一个的服务发现机制。

**2．组织利益和挑战**

假如前后端为了将业务逻辑与表示层分离而分开，那么将开发沿着相同路线进行拆分是有意义的。专业的前端开发人员可以专注于构建一个看起来不错、易于使用的网站，而后端开发人员则专注于优化数据库查询和核心算法，以最大限度地提高性能。

独立地开发前后端意味着每个服务的开发都可以按照自己的步调进行。前端团队可能需要非常快速地迭代，每隔几天甚至每天多次地发布对网站设计的调整，而后端团队则大约每周发布一次。无论每个团队决定什么样的发布周期，重要的一点是他们互不耦合。

决定拆分前后端的一个隐性假设是，API 中永远不会或几乎不会有任何破坏性的变更。如果你引入了一个破坏性的变更，你会立即失去所有解耦的好处，因为前后端将必须同时部署。更糟糕的是，如果在升级两个服务时，你无法忍受几分钟的停机时间，那么部署变更可能会极其困难。

除非 API 从一开始就是为了扩展性而精心设计的，否则无法对 API 进行破坏性的变更是对后端团队一个非常大的限制。他们可能最终需要花费更多的时间担心向后兼容性，而不是建立酷炫的功能。当有多个前端时，问题就更复杂了，因为每个前端都代表一个或多或少过期的API 版本。

虽然增加团队在一定范围内的专业性是一个好处，但它也是一把双刃剑。它增加了知识壁垒的风险，前端开发人员最后对后端的内部一点都不了解，反之亦然。有观点认为，开发人员只需要一个 API 作为通用的参考框架，并且不需要知道任何这个接口背后发生的事情。这是相当理想主义的。在现实中，开发人员将需要一些其他团队的知识，组织需要积极地促进培训和跨团队沟通，以确保开发人员不会对那些不直接涉及他们的事情过于无知。

在前后端分开时，我经常注意到的另一个问题是，它可以使小变更过于耗时。还记得Orinoco.com 单体架构中那个能够用最小的成本实现新的 A/B 测试的单飞的开发人员吗？在这个新的拆分架构下，那个开发人员现在必须做到以下几点。

（1）在后端添加一个数据库表和相应的查询代码。

（2）向后端 API 添加新的端点。

（3）执行一次后端的部署。

（4）在 API 客户端添加一个与新端点对应的新方法。

（5）发布新版本的 API 客户端。

（6）要在前端更改一个实现，可以自己做，也可以将工作交给前端团队的一个成员。

协调前后端团队之间工作的需要也可能会导致一个团队被阻塞，等待另一个团队完成任务的情况。想象 Orinoco.com 想要在网站上添加一个重要的新功能，以允许用户通过电子邮件向他们的朋友推荐产品。这涉及前后端的工作，理想情况下团队希望并行工作。理论上，团队首先就接口达成一致，然后后端团队迅速为前端团队编写一个能在其上工作的假的实现。但在实践中，工作很少能够这样顺利地开展，团队之间的某些阻塞几乎是不可避免的。

尽管有这些困难，开发人员仍然可以发现分布式的方法好于单体应用程序。在这种情况下，分离前后端是朝着完全分布式面向服务架构迈出的伟大的第一步。一旦使用远程 API 的工具和技术到位，并且开发人员习惯了分布式系统的固有挑战，那么开始尝试将后端分为更细粒度的服务是很容易的。

## 5.3.5　面向服务架构

许多大型 Web 应用程序使用面向服务架构（SOA），在面向服务架构中，应用程序的功能分布在许多个服务中。其中许多服务是后端服务，以机器可读格式（如 JSON）暴露数据，然后前端将其显示给用户。前端也可以由多个服务组成，每个服务呈现被设计为嵌入网页内的一个或多个组件。

### 1. 技术优势和挑战

面向服务架构的技术优势与拆分前后端的技术优势非常相似，但是由于服务的分离程度更高，因此其优势相应更大。

因为应用程序已经分为许多不同的服务，所以很容易根据需要扩展应用程序的每个部分。例如，Orinoco.com 的顶页将收到比 "Change my credit card details"（更改我的信用卡详细信息）页面更多的流量，因此其伸缩性的要求完全不同。如果它们作为单独的服务运行，则可以独立进行扩展。

每个服务运行在一台单独的机器上，因此它们在物理上彼此隔离。于是，假设应用程序设计正确能够处理服务级的故障，那么任何给定服务中的 bug 将不会影响其他服务。即使 Orinoco.com 的产品推荐服务返回错误，产品详细信息页面仍将正确显示，虽然它会缺失类似产品面板。

运行面向服务架构需要部署大量的服务，这给运维和架构带来了许多挑战。

- 运维开销——一个面向服务架构可能包括数十个甚至数百个服务，以及各种数据存储和消息队列，所有这些都需要进行配置、部署、监控和维护。
- 延迟——在面向服务架构中，一个用户请求可能导致数十个服务间 API 调用。这可能包括链式调用，即服务 A 调用服务 B，服务 B 调用服务 C，等等。如果没有仔细的应用程序设计，这些请求的延迟会快速叠加，最终导致很迟钝的用户体验。
- 服务发现——有几十种不同的服务，每种服务都有多个实例运行，因此需要一种容易的方法来找到它们想要通信的那个服务。现在由于已经有了开源解决方案（如 Eureka），这几乎是一个已被解决的问题。
- 跟踪，调试，日志记录——当应用程序出现问题时（或者即使一切正常，你只是想了解应用程序的性能状况），想要弄清楚问题所在是相当困难的。你需要一种方法收集来自所有服务的日志，并将它们集中存储（像 Fluentd 或 Logstash 这样的工具有助于解决该问题），还需要像 Zipkin 这样的工具来帮助跟踪单个用户请求在服务间的路径。

- 热点服务——可能存在一些服务，几乎所有其他服务都依赖于它们。用户认证/身份服务是常见的例子。服务 A 被传递一个用户 ID，使用认证服务来查找用户，执行一些处理，然后将用户 ID 传递到服务 B，服务 B 也与认证服务联系，等等。这些热点服务最终可能接收大量的流量，因此可能成为单点故障和扩展的瓶颈。

- API 文档和客户端——通过这么多的服务将 API 彼此暴露，团队将花费大量时间为这些 API 编写文档和客户端。它们需要保持最新，以保证有用。如果它们可以从源代码自动生成，那么就不太可能腐烂。Swagger 是一种用于自动生成 API 文档的流行工具。

- 集成测试——检查所有服务之间能否正确交互，以及应用程序能否作为一个整体运行，可能非常困难。首先，你需要一个包含所有服务实例的预生产环境。如果你有一个能够按需自动启动和拆除这样一个环境的机制，那就更好了。

  测试多个版本的服务集成能否正确工作（确保对给定服务 API 的变更不会破坏那些使用较旧版本 API 客户端的服务）可能是相当烦琐的。这主要是由于待测试的版本组合会出现组合爆炸。服务 A 的版本 2.3，服务 B 的版本 3.4 和服务 C 的版本 4.5 一起工作，但是版本 2.4、3.5 和 4.6 怎么样呢？如果你需要测试这样的多个版本组合，那么你要在自动化上投资以使你的测试框架可以部署整个服务栈，包括正确的版本，用数据填充这些服务，然后运行集成测试。

  在单个服务级别的测试可能也很困难。虽然你可以模拟请求其他服务所返回的数据，但你需要持续维护此模拟数据，以确保其准确反映了服务 API 的最新版本要返回的内容。这种维护可能相当费力，并且如果被模拟的 API 由另一个团队维护，则可能难以跟踪那些变化。

- 数据碎片——单体应用程序通常只有一个数据库，但是面向服务架构可能有许多小的数据库。这会使报表和数据分析变得很困难，因为你需要从多个数据库获取数据，将其压缩为通用格式，并将它们连接在一起。搭建数据仓库来处理所有这些数据，可能是值得的。

## 2. 组织利益和挑战

与技术优缺点非常类似，面向服务架构的组织优势和挑战也与前后端分离的相似，但是其程度需要乘以服务的数量。

面向服务架构给了开发人员很多自由。每个服务都可以由不同的团队开发，并与其他团队的工作隔离。他们可以选择如何对其进行开发，想要使用什么技术，以及如何和何时发布。唯一的规则是，他们必须尊重依赖于他们 API 的其他服务，因此他们不能漫无计划地引入对 API 的破坏性变更。

给开发者绝对的自由去选择他们的技术是明智的吗？如果每个团队都选择用不同的编程语言来实现他们的服务，那么他们就无法共享任何代码，并且他们可能会导致很多重复的工作。团队也很难阅读对方的代码，开发人员将被限制在各自的团队，并发现很难在团队之间移动。为了避免这种情况，需要审慎地规定基本规则，或至少定义一些指导原则，指定两三种推荐的语言和技术。

即使团队使用相同的技术，如果他们不了解其他团队正在做什么，他们仍然会重复对方的工作。所以需要有一些方法来确保团队定期互相交流并分享信息。此外，还值得建立一个平台团队，其角色是注意团队之间的重复工作，并构建供大家使用的通用工具。

团队之间的重复工作可能会以重新发明轮子的方式（例如，两个不同的团队在解决相同的问题上投入各自的精力，如实施健康检查以监控其服务）或重复代码的方式（每个团队都写类似的实用程序，包括日志消息中的 HTTP 请求信息）出现。为了避免前一种情况，平台团队应该收集每个团队正在做什么的信息，并将其形成一套指南或建议供其他团队用作参考。在出现重复代码的情况下，平台团队应为所有团队编写一个通用库以供所有团队使用。

## 5.3.6　微服务

微服务是现在的一个热门话题，而且人们对它的确切含义也有些困惑。（这些困惑可能由那些热衷于追逐潮流的各种软件供应商所引起）。但是微服务只是面向服务架构的一个特例，它特别强调解耦，边界上下文以及开发人员的自治和责任。

### 1. 什么是微服务

微服务是特别强调服务独立性的面向服务架构。

服务必须解耦，以便可以随时部署新的版本，而不会影响任何其他服务。这意味着

- 服务间只能通过其 API 进行通信；
- 要不惜任何代价避免 API 的破坏性变更。

每个服务作为它自己的领域模型的上下文边界。这意味着服务 A 定义的任何模型只能在服务 A 的上下文中使用，并且当与服务 B 通信时使用服务 A 的模型是毫无意义的。在 Orinoco.com 中，即使认证服务和产品推荐服务都定义了一个 User 模型，并且这些模型非常相似，它们也不是一回事儿。需要一个转换层将其从一个模型转换到另一个。

有界上下文的概念最初来自领域驱动设计领域。想了解更多的详细信息，推荐阅读 Eric Evans 撰写的 DDD 圣经，《领域驱动设计：软件核心复杂性应对之道》（Domain-Driven Design: Tackling Complexity in the Heart of Software）（Addison-Wesley Professional，2003）。在微服务的上下文中，显式地划清这些上下文边界意味着，每个服务可以在内部自由地改变自己的模型，而不用担心影响其他服务。

微服务的最后一个特征是它们赋予开发者的角色。微服务旨在给予他们尽可能多的自治权，但相应地，他们必须拥有自己服务的所有权。开发人员需要负责支持服务，部署它的新版本，并保持它平稳运行。换句话说，微服务与 DevOps 携手并进。

### 2. 优势和挑战

因为微服务是面向服务架构的一个子集，我提到的关于面向服务架构的所有内容也适用于微服务。

此外，当实现微服务时，必须意识到服务之间意外耦合的风险。微服务的整体关键在于服务应该独立，并且是松耦合的，且只能通过它们的 API 进行通信。但是如果你不小心，很容易无意中引入服务之间的其他通信方法。最常见的原因是在多个服务之间共享的数据库，因此一般来说服务不允许共享数据库。每个服务负责自己的数据存储。

在组织方面，微服务遇到的挑战与面向服务架构大致相同。任何组织试图从传统的单体开发迁移时都需要在心态上做大量的调整。他们还需要承诺，因为任何对切换到微服务持怀疑心态的尝试都可能失败。

组织还必须准备好在与产品（如用于自动部署和服务监控的工具）不直接相关的事情上投入大量的开发时间。为了保持服务不会变得臃肿，这里还应该有一个团队，他们的唯一工作是让其他开发人员创建新服务并使其投入生产的工作变得尽可能容易。

### 5.3.7 Orinoco.com 应该做什么

不言而喻，任何架构决策都涉及一组权衡，我所展示的每个架构都有自己的优点和缺点。遗憾的是，这里并没有银弹。

我没有提到的一个因素是从现有单体应用程序迁移的容易性。在 Orinoco.com 的情况下，它是一个大的应用程序，所以尝试将它重构成单独的前端和后端可能是不明智的。它需要一个更加增量式的解决方案。我建议保持整体，但实验性地将几个非关键的功能分离为独立的后端服务。如果进行顺利，它们可以逐渐向面向服务架构迁移，将越来越多的功能转移到新的服务，同时致力于获取必需的工具、经验和流程，以使面向服务架构工作。

当然，增量方法也意味着你不必将自己绑定在面向服务架构上。在以面向服务架构风格构建几个服务后，团队可以根据他们的经验重新评估他们的选择。如果团队断定面向服务架构不适合他们，那么他们可以自由地选择回到单体方式，亦或是一个涉及少量中型服务的中间地带。

对于任何你试图将其拆分为服务的其他单体应用程序，首先需要问自己，是否真的有必要？再看看面向服务架构技术挑战的长长列表，然后决定你是否真的准备好承担这种类型的运维负担。如果答案是肯定的，那就试试吧。祝你好运！

## 5.4 小结

- 将单块代码库拆分为模块会迫使你清楚地定义模块间的依赖关系，从而使得代码更容易理解。
- 一旦代码库被模块化，你就可以随意组合这些模块：将它们作为一个单体应用程序一起运行，将每个模块作为一个独立的微服务运行，免费提供一些模块，而另一些模块需要收费，等等。

- 为你的应用选择架构涉及技术和组织方面的多种权衡。例如，选择微服务而不是单体架构可能会导致更高的请求延迟（因为服务一个请求可能涉及多个网络跳段），但它会给团队更多的自治，允许他们缩短上市时间。
- 运行一个单体应用程序意味着，你引入的每个变更都有可能存在引起整个应用程序崩溃的风险。这会让组织对变更产生恐惧，从而花费过多的时间进行测试。
- 通过网络发生的任何通信会以许多不同的方式失败。在服务之间添加网络调用引入了一种全新的故障类型。
- 沿着服务路线拆分团队会给这些团队自治权，并让他们大多数时间能够快速工作，但是当团队间需要互相协调时，开发速度会被大幅减缓。

# 第6章 大规模重写

**6**

**本章主要内容**

■ 确定重写的范围

■ 现有软件对新实现的影响

■ 如何处理遗留数据库

在开始大规模重写之前，我希望你已经用尽了其他所有的选项。你试过重构代码库，但陷入僵局；你调查了使用第三方解决方案替换旧版软件的可行性，但它需要进行太多的自定义开发，比从头开始编写需要更多的工作量。你的结论是，虽然重写让人想起来就起鸡皮疙瘩，但没有更好的方法来逃避了。

在继续之前，让我们先想想，为什么我们在想到要从头开始重写遗留应用程序的时候身上会起鸡皮疙瘩。

首先，项目将无休止地拖延。我保证，花的时间会比你预期的更长。刚开始，重写看起来像一个相对简单的任务，因为你只需要复制现有软件的行为。但是一旦开始实现，你会发现各种不可思议的极端情况和现有软件（包括实现和需求规范）的无底洞，所有这些都需要调查和记录。这不仅会减慢项目，而且对于开发人员来说，一段时间后也会变得很乏味。虽然开发人员通常热衷于写代码，但重写涉及的大部分工作都是艰苦的调查，以及争论如何更好地处理一些遗留软件的模糊行为。

其次，尽管投入了巨大的精力，重写却常常只能为软件的最终用户提供有限的直接价值。你可能投资几个月的开发时间来构建一个应用程序，但对最终用户来说，这似乎跟原来的一模一样。事实上，人们可能已经习惯了现有软件的 bug 和弱点，并将其视为软件的功能，所以如果你不忠实地重建它们，你的风险将是会让你的忠实用户感到失望。除此之外，你的新实现几乎一定会引入自己的新 bug。

尽管如此，有时重写真的是差中最优的选择。在这种情况下，如果你想要重写顺利进行，有一些值得考虑的事情。在本章中，我们将讨论如何决定项目的范围，应该允许新软件受既有实现影响的程度，以及处理遗留数据库的策略。

## 6.1 决定项目范围

在开始一个主要软件项目之前要做的最重要的事情是明确目标。你想通过重写软件实现什么？也许更重要的是，在该项目中你不打算实现什么？

### 6.1.1 项目目标是什么

重写通常采用下面 3 种形式之一。

- 黑盒式重写（black-box rewrite）——在黑盒式重写中，目标是保持软件的功能与现在一样，但内部从头开始重新实现。这可能是打算将软件移植到新技术栈（例如，如果它当前正运行在将被停用的大型机上），或者让软件在将来更容易维护。在理想情况下，最终用户不会注意到任何更改。
- 温习式重写（brush-up rewrite）——在温习式重写中，额外的目标是使用重写来获得记录、更新和标准化规范的机会，使新软件的功能与旧的不同（希望会更好）。
- 补偿式重写（quid pro quo rewrite）——在补偿式重写中，目标是开发一些主要的新功能作为重写项目的一部分，以说服业务利益相关者批准项目。如果是由开发人员来决定，我们会花费所有的工作时间来重构和重写，仅仅是为了做这件事。但支付我们薪水的人需要一些激励，才能让我们花几个星期或几个月的时间重建一些已经工作的东西。

回忆我们在第 4 章中讨论过的在线游戏 World of RuneQuest。它是一个已经运行了 10 多年的 Java servlet 应用程序。在那些年里，它的技术栈几乎没有改变，而且变得非常难以使用。UI 也开始显露它的年龄了。开发人员迫切需要使用现代技术重写这个应用程序。

产品经理也支持重写，因为这将能给他们带来一个重新编写合适规范的机会——对当前实现情况的一个巨大改进就是规范。但是如果项目是为了开发人员同时也由开发人员发起的话，上层管理层是不愿为该项目分配资源的，除非它也能为 World of RuneQuest 的玩家提供一些好处。

在这种情况下，看起来像是一个补偿式重写要走的路。也许他们可以将重写品牌化为游戏的一个主要新版本，他们可以使用新的技术栈添加一些迄今不可能实现的新功能。这些功能（如游戏中的音频聊天和更复杂的玩家统计）通常由玩家提出，并且 World of RuneQuest 的竞争对手已经提供了。

**在重写中添加新功能**

从开发人员的角度来看，在重新实现现有软件的同时添加新功能（如在补偿式重写中所做的那样）的想法是十分不可取的。多个关注点的合并，即保持原始行为的同时还添加新功能，可能会使项目规划更加困难，并且得到的软件也更难以理解。

但有时添加新功能是让重写项目具有足够的业务价值从而获得批准的唯一方法。此外，建立新功能难道不比实现某些与既有功能完全一样的东西更令人满意吗？

　　向最终用户明确游戏正在被重写，也使得开发者免于遵从完全模仿遗留 UI 和游戏玩法的任何义务，但是他们肯定需要小心保持游戏的某些核心特征，以避免被玩家强烈反对的风险。

## 6.1.2　记录项目范围

　　一旦你决定了你将要做什么样的重写，你必须清楚地记录这个事实，以及关于项目范围的任何其他显著的细节。文档应该足够短，以便让所有利益相关者阅读、理解和同意；但也必须足够清楚和详细，以便明确范围。几个月下来，当功能蔓延开始流行时，这个文档将会成为非常有价值的参考，因此请在写和批准时记住这一点。参与项目的每个人都应该明白，这份文档将成为真相的唯一来源，所以如果他们不同意它的任何部分，他们应该立刻说出来或者永远保持沉默。

　　我建议在项目范围文档中包括以下信息。

- 新功能——你要添加任何新功能吗？如果是，请列出来。对于每一个，都要标明它是一个"必须有"（不能完成的话新的软件不能发布）的功能，还是一个"最好有"（可以在第 1 版之后添加）的功能。
- 现有功能——你计划删除现有软件的任何功能吗？有什么特别的功能是必须有或最好有的？
- 及时性与功能完整性——你是更愿意在某个日期发布一些东西出来呢，还是发布具有所有计划功能的产品？
- 分阶段发布——你是否计划进行多个发布，并在每个发布中添加更多功能？如果是这样，请简要总结每个阶段的内容。

　　最后一点是相当重要的。如果可能，我强烈建议采用迭代方法，即做一些小的发布，并在每次发布中添加更多功能。这样做的风险，小于项目结束时的要么全有要么全无的大爆炸式发布，因为它让你有机会获得用户对新软件的反馈，同时还有时间改变项目的方向。它还突出了新软件在早期阶段的任何技术问题，而你还有时间来解决它们。

　　要让增量重写能进行下去，在新软件完成之前，需要并行运行旧软件和新软件。这可能会带来一些技术挑战，特别是在旧软件和新软件需要彼此通信的情况下。但在我看来，能够渐进式发布降低了风险，这样的努力是值得的。

　　图 6-1 展示了 World of RuneQuest 的重写的范围文档可能是什么样子的。

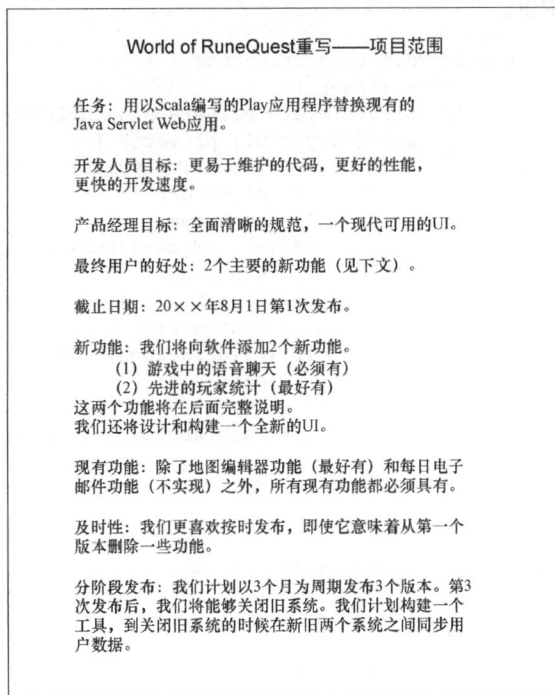

```
World of RuneQuest重写——项目范围

任务：用以Scala编写的Play应用程序替换现有的
Java Servlet Web应用。

开发人员目标：更易于维护的代码，更好的性能，
更快的开发速度。

产品经理目标：全面清晰的规范，一个现代可用的UI。

最终用户的好处：2个主要的新功能（见下文）。

截止日期：20××年8月1日第1次发布。

新功能：我们将向软件添加2个新功能。
　（1）游戏中的语音聊天（必须有）
　（2）先进的玩家统计（最好有）
这两个功能将在后面完整说明。
我们还将设计和构建一个全新的UI。

现有功能：除了地图编辑器功能（最好有）和每日电子
邮件功能（不实现）之外，所有现有功能都必须具有。

及时性：我们更喜欢按时发布，即使它意味着从第一个
版本删除一些功能。

分阶段发布：我们计划以3个月为周期发布3个版本。第3
次发布后，我们将能够关闭旧系统。我们计划构建一个
工具，到关闭旧系统的时候在新旧两个系统之间同步用
户数据。
```

图 6-1　重写 World of RuneQuest 的示范范围文档

## 6.2　从过去学习

项目开始时值得讨论的另一件事情是，将当前实现作为新规范的程度。当你发现需要澄清规范才能继续实现时，这一点就变得很重要了。让我们看一个例子。

开发人员开始实现 World of RuneQuest 的新版本已经几个星期了，现在开发人员已经习惯了使用新的编程语言和 Web 框架，项目结构和工具链也建立得很好了，团队已经习惯于在为期两周的 Sprint①中实现新功能。

开发者 Sarah 刚刚完成了一个功能，所以她从待办事项（backlog）取了一张新卡。该卡叫作实现玩家匹配功能。这个想法是，想要开始一个新的 World of RuneQuest 游戏的玩家可以进入在线等候室，在那里他们被自动与具有类似技能和经验的玩家匹配。这是旧版本软件中存在的功能。

Sarah 不确定玩家匹配逻辑应该是什么样的，所以她在为重写项目编译的新规范文档中查找它。不幸的是，她只能找到一个句子：“一个等待的玩家应该与另一个具有类似能力的玩家匹配。”显然，她需要更多的细节才能继续下去，所以她拿起她的笔记本电脑，徘徊着走到产品经理 Phil 的办公桌前。

Phil 负责在这种情况下决定规范，但在细节上，他不太清楚这个功能应该如何工作。他问 Sarah：“那么，它现在如何工作的呢？” Sarah 在她的 IDE 中找到相关的代码，并和 Phil 一起浏览。

```
public void runWaitingRoom() {
    while (true) {
        List<Player> players = getAllPlayersInWaitingRoom();
        for (Player p1: players) {
            for (Player p2: players) {
                if (p1 == p2)
                    continue;
                if (p1.isWizard() && p2.isWizard())
                    continue;
                if (p1.isElf() && p2.isOrc())
                    continue;
                if (p1.hasWeapon("axe") && !p2.hasShield())
                    continue;
                ...                                          ◁── 更多条件……
                if (Math.abs(p1.getSkill() - p2.getSkill()) < 100)
                    // players are quite evenly matched
                    foundMatchingPlayers(p1, p2);
            }
        }
        Thread.sleep(1000L);
    }
}
```

---

① 关于什么是 Sprint，请参考 https://en.wikipedia.org/wiki/Scrum_Sprint。——译者注

"嗯，看起来很复杂。你认为所有这些条件都是必要的吗？"Sarah 问。Phil 不是特别确定，他觉得这个逻辑可以简化，他想写一个全新的规范，从第一原则开始理解，而不是盲目地跟随现有的实现。但是他不能动摇那种急躁不安的感觉：所有这些条件被添加进来一定有充分的理由。

这是在实现重写时一次又一次出现的困境。作为一个团队，在跟随现有的实现和从头开始编写规范之间，如果你还没有做好准备想怎么做，你可能最终会花费大量的时间处理每一个微小的功能。

最后，Phil 和 Sarah 决定通过 SVN 提交日志，并记录每个条件添加的时间，以及他们可以找到的添加原因的提示。然后，Phil 用这些注释作为引导，从头开始写了一个新的规范。如果有证据表明某个条件是因一个正当理由而被添加的，他会将其包含在新规范中，同时解释为什么需要它。如果没有记录为什么添加了一个特定的逻辑，他会直接放弃它。

上述示例中对现有代码的平衡态度铸就了成功的重写。虽然将重写视为过去的一个突破是诱人的，但现有代码也应该受到尊重，原因如下：

■ 它包含多年积累的 bug 修复、性能优化和极端情况处理，如果不小心，这些可能就会在重写中被忽略掉；

■ 它精确定义了现有软件的行为，在决定新软件应该如何运行时，这是一个有用的参考。

如果你太过遵循原来的实现，那么你正在重建的就是你已经有的东西。最好的方式是将现有的代码作为参考，用于指导你的决定，或者在争论中把它作为最终参考，而不是真相的最终来源。

还有必要区分底层实现细节（有关现有代码是有用的信息源）以及高层次的软件设计和架构。在设计软件时，通常明智的做法是，主动避免模拟现有代码的设计。至少，你应该意识到，你可能会潜意识地受到现有设计的影响，所以你应该尝试积极对抗这种影响。你应该总是在寻找那些新设计中无充分理由却在模仿旧设计的迹象，并花一点时间想一想，你是否可以用完全不同的方式解决同样的问题。

例如，World of RuneQuest 中的大量处理都是基于大约每秒运行一次的周期性任务，如前面所示的玩家匹配代码。但这真的是设计一个多人在线游戏最好的方式吗？让软件基于事件和事件处理程序可能更有道理。例如，加入等候室的新玩家将产生一个事件，这会触发事件处理程序来尝试找到该玩家的伙伴。又或者你可以使用 Actor 模型，每个 actor 代表一个玩家。只要你记得你不需要受到旧设计的约束，那么成功无极限！

## 6.3　如何处理数据库

要替换的软件很可能包含某种数据存储。它通常是关系型数据库（RDB），如 Oracle，但是它也可能是一个更奇特的数据库，如对象型数据库，或者是一个装满平面文件的基本文件夹。不论它是什么，它里面都装满了有用的数据，用户可能需要使用你的新系统访问该数据。

有两个选择，如图 6-2 所示：要么将新软件连接到现有数据库，然后新旧系统共享同一个数据库；或者创建一个新数据库，并把现有的数据迁移过去。

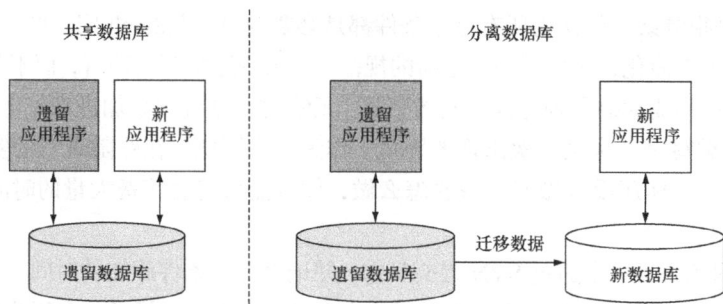

图 6-2　替换包含数据库的遗留软件的两种方法：共享现有数据库或者创建新数据库并迁移数据

通常，每一种方法都有自己的优缺点。我们依次看一下这两种方法。

## 6.3.1　共享现有数据库

如果你愿意接受在多个应用程序之间共享同一个数据存储的固有限制，那么与在数据存储之间可靠地复制数据的复杂性相比，共享数据存储的实现就相当简单了。

共享现有数据库的优点如下。

- 简单——无需担心数据库之间的数据迁移，或者当这些数据库不同步时如何恢复，因为只有一个数据库。
- 无需更新其他应用程序和脚本——有时候该遗留应用程序并不是唯一一个与数据库交互的软件。可能会有各种各样的脚本、批处理和直接连接到数据库并对其执行查询的工具。如果你继续使用现有的数据库，则不必接触任何这些脚本。

共享现有数据库的缺点如下。

- 无法选择数据存储技术——你无法摆脱遗留应用程序正在使用的数据库。如果重写的目标之一是从一个昂贵的专有数据库迁移，那么这会是一个障碍。
- 无法重搭架构——作为重写的一部分，你可能想将单体应用程序拆分成多个较小的服务，但是除非你将数据库也拆分成多个隔离的数据存储，否则这不太可能有效果。
- 无法重构模式——你可能想对数据库的数据结构做出重大更改，以使其与新应用程序的模型一致，或者只是因为遗留的数据库尚未被维护并处于可怕的混乱中。但是当该数据库被其他应用程序共享时，进行这些更改并不容易。对于你想对数据库进行的每个破坏性更改，你都必须对遗留软件进行相应的更新。还有一个风险是制造一个你认为是无害的，但是影响现有应用程序行为的更改。
- 有损坏数据的风险——新软件一旦发布，就会向数据库写入新数据。理想情况下，该数据在新旧应用程序上都应该是有效的，以便能够在一定时间内并行地运行这两个应用程序。这意味着你可以逐步发布新软件，并且只要发现生产环境中的新应用程序有问题，你就可以切换到旧应用程序。但是如果新应用程序写入的数据不能被旧应用程序正确地读取，那么切换就是不可能的。

一旦新应用程序开始向数据库写入坏数据（例如，如果旧应用程序开始抛出奇怪的错误），你可能就会意识到这个问题。但是在你注意到之前，你可能已经意外地损坏数据库好几周了。在那时，即使有可能挽救数据，你也将需要大量的数据恢复操作。你将可能被迫关闭旧应用程序，因此当事情出错时，你就不再能把它作为后备计划了。

显然，这里列出的缺点比优点多，但是在适当情况下，复用遗留数据库会是一个合理的方法。只管理一个数据库的简单收益不应该被低估。如果你决定走这条路，我有几个建议。

## 1. 在持久层大力投资

既然你要不辞劳苦地重写，你就想在新应用程序中，从头自由地为你的领域建模。但是，如果你使用了一个自己无法更改模式的遗留数据库，就很容易受到数据库表以及导致其创建的遗留模型的限制。应用程序的模型和你要持久化的数据库可能根本不匹配。

为了处理这种不匹配，你将需要在应用程序中包含一个转换层，以将你的领域模型转换成数据库中持久化的模型，反之亦然。重要的是，要让这个转换层绝对严密，以避免由于遗留模型渗入到新应用程序中、损坏新代码库所带来的风险。一定做好在项目早期投入大量开发时间构建转换层的准备，因为它是一定会有回报的。

图 6-3 展示了该转换层处于应用程序和数据库之间，把遗留模型（讨厌的三角形）转换成新领域模型（漂亮的六边形）。

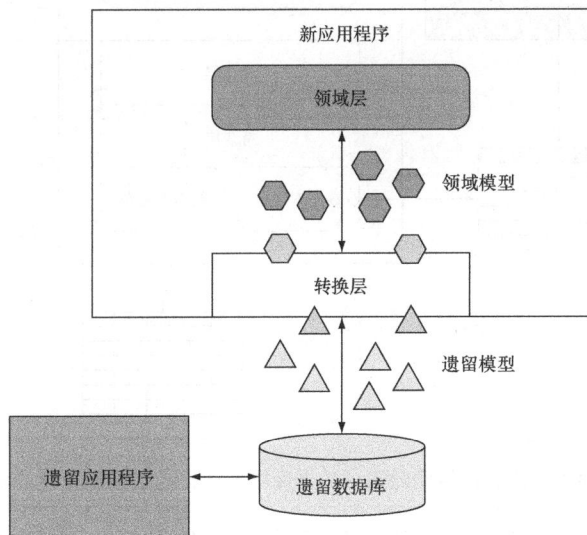

图 6-3　负责领域层中模型和遗留数据库中数据之间转换的一个转换层

让我们一起来看一下 World of RuneQuest 游戏里转换层的例子吧。在 World of RuneQuest 的最初版本中，没有玩家（人类用户）和角色（用户在游戏中的角色）的区分。事实上，根本就没有角色模型，只有玩家模型。但是在重写的时候，我们想让玩家在玩游戏时能够创建多个角色并且在其中进行选择。

　　在遗留数据库的设计中，每一个玩家都由 player 表中的一条记录表示。这条记录包含了人类用户信息（他们的用户名、散列密码等），以及用户在游戏中的角色信息（如种族、力量、魔法值）。显然，如果我们想要支持每个玩家多重角色的话，我们就需要改变这个数据库的设计，但是我们如何才能在改变数据库的同时保持与遗留应用程序的兼容性呢？

　　一种方式是将每个玩家的第一个角色放在 player 表中，而把所有玩家的其他角色放在一个新的 character 表中。如果一个玩家创建了 5 个角色，那么第一个角色将存储在 player 表中，其余的 4 个将存储在 character 表中。

　　在与遗留应用程序的兼容性方面，这是一个很好的解决方案。遗留应用程序将忽略新建的表，并且它所关注的部分没有更改。但是在新应用程序的上下文中，这就是一个可怕的非法侵入。在我们的领域模型里，我们不想知道任何关于第一个角色和其余 4 个角色被任意分割的事情；我们只想让玩家模型包含 5 个角色。

　　当然，这就是转换层的作用所在。我们能够在转换层隐藏数据库模型和领域模型转换的所有细节，因此为了遗留系统兼容性所做的非法侵入不会感染我们应用程序的核心。图 6-4 说明了这一点。

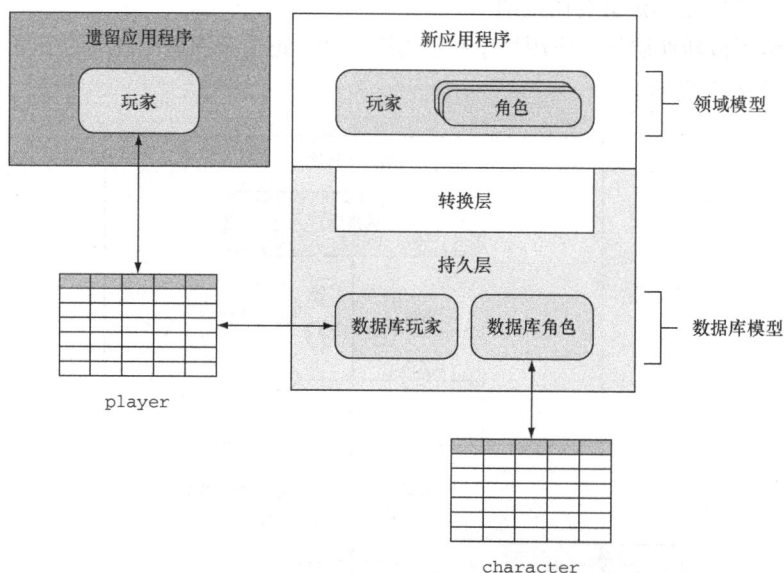

图 6-4　使用转换层隐藏遗留数据库中持久化的玩家和角色的细节

　　上述示例中应该注意的是，转换层并不是唯一可能的解决方案。你可能更喜欢在数据库级别通过视图而不是代码来实现转换。你可以执行以下操作。

　　（1）创建新的 character 表，并把角色相关的字段从 player 表中移到 character 表。

　　（2）创建一个名为 player_character 的视图，其中包含遗留应用程序期望在 player 表中查找的数据。

（3）对遗留应用程序进行一点小更改，使其查询新的 `player_character` 视图，而不是 `player` 表。

（4）如果可能的话，让视图是可写的，以便遗留应用程序在视图上运行 SQL 的 UPDATE 命令时，能更新正确的记录。

就我个人而言，我倾向于将这样的逻辑从数据库中移出来，放到应用程序层的代码中来实现，这样它更容易阅读、更容易测试、对开发人员更可见。当部分遗留应用程序在以下位置中实现时，会令维护这个应用程序的开发人员非常困惑：数据库触发器、存储过程、在生产服务器上作为 cron 任务运行的 shell 脚本，或者任何只通过查看源代码无法找到的其他地方。

在应用程序层实现转换，可能涉及多个数据库的查询，并且可能比在数据库内部使用视图、触发器等更慢。如果优先考虑性能，那么在数据库层的转换会更合适。

**2．为获取数据库的控制权制定计划**

只要遗留应用程序还在运行，你能够对数据库模式做的更改就会受到限制。你可以安全地添加新表，因为遗留应用程序将会忽略它们，你可能还可以通过给现有的表添加索引来提高性能，但也就只能如此了。如果你对当前的数据库结构有任何不喜欢的地方，你将不得不忍受它并在其上工作。

但是一旦你关闭了遗留系统，你就可以完全控制数据库了。这时，你可以随意更改数据库，重构所有不适合新领域模型的部分或者只是一片混乱的部分。

因为那一天可能要等几个月甚至几年才能到，所以维护一个清单记录想要做的所有数据库更改，是一个好主意，这样的话就不会忘记它们。这可以是一个简单的文本文件，和项目源代码以及"移除 `game.created_by` 列，因为它不会再被使用"或者"将 `player.is_premium_member` 从 `varchar` 改成 `boolean`"这样的注释一起存储在版本控制中。也可以是一组数据库迁移脚本，随时准备运行。

对于每个想做的更改，你应该在当前处理问题的源代码附近留下一些记录，以便在重构数据库之后可以找到并更新这个源代码。这可能采取代码注释的形式，但是根据使用的语言，你也许可以采取更结构化的方法。例如，在 Java 或者 C# 中，你可以定义一个定制化的注解或者属性来标记这样的方法。

## 6.3.2　创建一个新数据库

如果不想共享遗留应用程序的数据库，另外一种方式是给新应用程序创建一个全新的数据存储。

当然，这种方式的优缺点与前面列出的相反。简而言之，你可以自由地根据应用程序的需要来选择数据存储技术和模式，但是你要负担因此产生的开销费用，即管理两个数据库并保持它们之间同步。

你将需要构建一些工具来保持两个数据存储之间的数据同步。

## 1. 实时同步

根据应用程序的需要，你可能需要在一个数据库中所有的写入能够立即出现在另一个数据库中，这意味着会有应用程序之间的实时通知。它可以使用数据库触发器或者在应用程序层中实现，如图 6-5 所示。

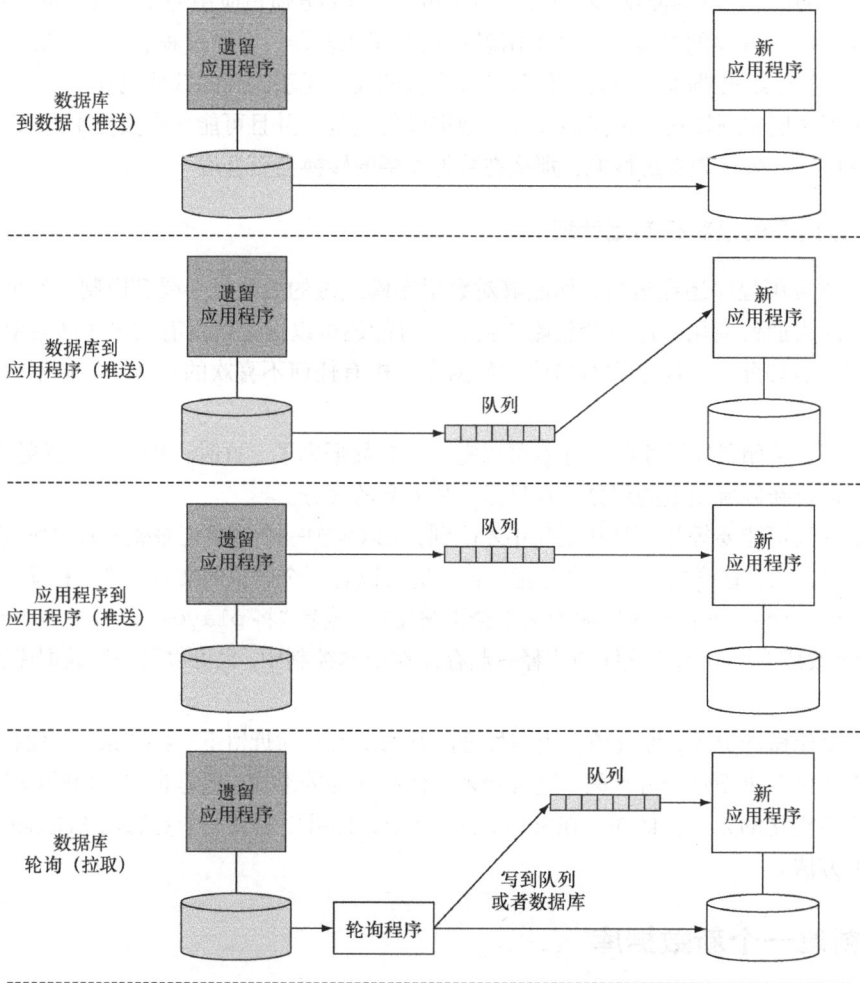

图 6-5　实时同步数据库写操作的不同方法

在第一种情况下，数据库触发器用来直接将写入从一个数据库复制到另外一个数据库。

在第二种情况下，数据库触发器将更新写入队列，然后由应用程序消费。这里使用队列，而不是直接将数据发送到应用程序 API 端点（endpoint）的原因，是为了避免在应用程序未运行的时候丢失写入。

在第三种情况下，每当应用程序更新数据库数据时，都会将其写到队列。这种方式的问题在于，它需要在遗留应用程序这边进行实现。你将需要向遗留应用程序添加代码，以便在每次向数据库写入数据时都会向队列发送消息，这是不可取的，原因如下：

■ 以这种方式，遗留应用程序可能很难扩展。毕竟，你是因为它很难维护而重写它的；

■ 你对遗留代码做的任何更改都有引入 bug 的相关风险。

如果需求可以允许写复制稍有滞后，那么可能有第四种方法，构建一个工具来定期（如每秒一次）轮询数据库，并以近实时的方式将其复制写入新应用程序。像这样将数据从遗留系统中拉出，而不是推送，意味着你可以避免对遗留代码进行太多的更改。

## 2. 批量同步

除了实时（或者接近实时）复制新写入的数据之外，你还会需要一个工具将一批现有的更新从一个数据库复制到另外一个数据库。该工具应该支持整个数据存储的完整复制以及仅与某个查询匹配的更新的复制，例如，最近一小时内发生的所有更新。前者在新应用程序的 bug 破坏了自己的数据存储无法修复时很有用，这种情况在开发过程中至少会发生一次。后者对于实时更新丢失时的快速恢复很有用，这种情况也是偶尔会发生的。

注意，如果选择了数据库轮询的方式实现实时同步，并构建了一个用于轮询遗留数据库以及复制最新写入的工具，就无需再为批处理同步构建一个单独的工具了。你可以使用同一工具处理各种同步，只需要更改用于查找其需要复制的写入查询语句即可。示例如表 6-1 所示。

表 6-1 针对不同同步策略查找写入查询语句的示例

| 同 步 类 型 | PostgreSQL 查询片段示例 |
| --- | --- |
| 近实时 | `WHERE last_updated > current_timestamp - interval '1 second'` |
| 批处理（重复最近 24 小时的数据，以从 bug 中恢复） | `WHERE last_updated > current_timestamp - interval '1 day'` |
| 批处理（复制整个数据库） | `WHERE 1 = 1` |

## 3. 监控

你将需要使用监控工具来不断地检查数据复制是否按预期进行了，确保两个数据存储都含有相同的数据。当监控系统发现有更新丢失时，应该至少给开发团队发送警报，如果可能的话，还应该通过触发受影响数据的重新复制来自动恢复。

监控工具可能和通过 `cron` 来定期运行脚本一样简单，但是你可能需要考虑添加图形化的仪表盘（dashboard），以使人们放心：数据复制和监控系统确实在运行着。

## 4. 联合起来

图 6-6 展示了整个系统是如何联合到一起的示例，其中包括新旧应用程序、批量复制脚本以及监控工具。

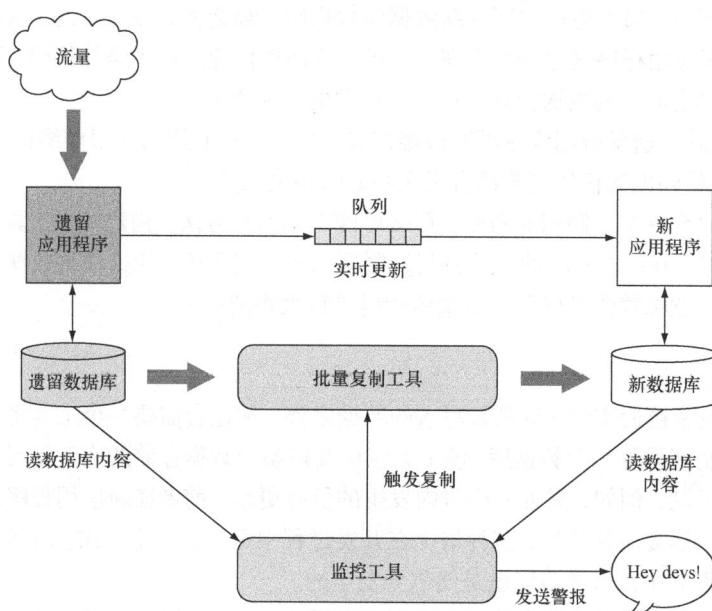

图 6-6　当遗留应用程序与其在迁移阶段的代替应用程序都运行时，
在它们之间可靠地复制数据的基础设施

在这个例中，流量当前被直接输入到了遗留应用程序。遗留应用程序会通过队列实时地给新应用程序发送消息。此外还有一个单独的工具，可以批量复制更新。当监控工具注意到任何丢失的更新时，它会给开发人员发送警报，并自动触发丢失数据的复制。

值得注意的是，应该可以双向实时批量地同步数据。所有使用旧应用程序写入的数据必须对新应用程序可见，反之亦然。这可以使你自由地将新旧应用程序都运行一段时间，并在确定新系统正常工作之前，任意在它们之间切换流量。不论何时你发现新应用程序的问题，你都可以将用户切换回旧应用程序，直至它被修复。这使得迁移过程比一次性转换（当出现问题时，切换回旧系统没有保障）风险更小。

图 6-7 展示了如何从旧系统迁移到新系统的过程示例。

在切换之前，流量流向了遗留应用程序，并将副本写入到新应用程序。切换之后，流量被路由到了新应用程序，写入副本开始以另外一种方式流动。遗留应用程序的数据库中将会有所有最新的数据，因此如果你在新应用程序中发现 bug，你可以在修复 bug 时将流量切换回遗留应用程序。

除非你愿意承担更多复杂度，否则你应该避免一件事——分解传入的流量，并同时给两个应用程序都发送一些流量。这意味着它们将同时被写入到它们各自的数据库（甚至是同一个数据库）中，并且这些写入会被实时双向同步，这会导致各种困难。例如，如果一个应用程序试图更新另一个应用程序正在删除的记录，你怎么办？虽然这种双向同步并不是不可能，但是这并不简单，而且这种数据损坏的 bug 风险很高。

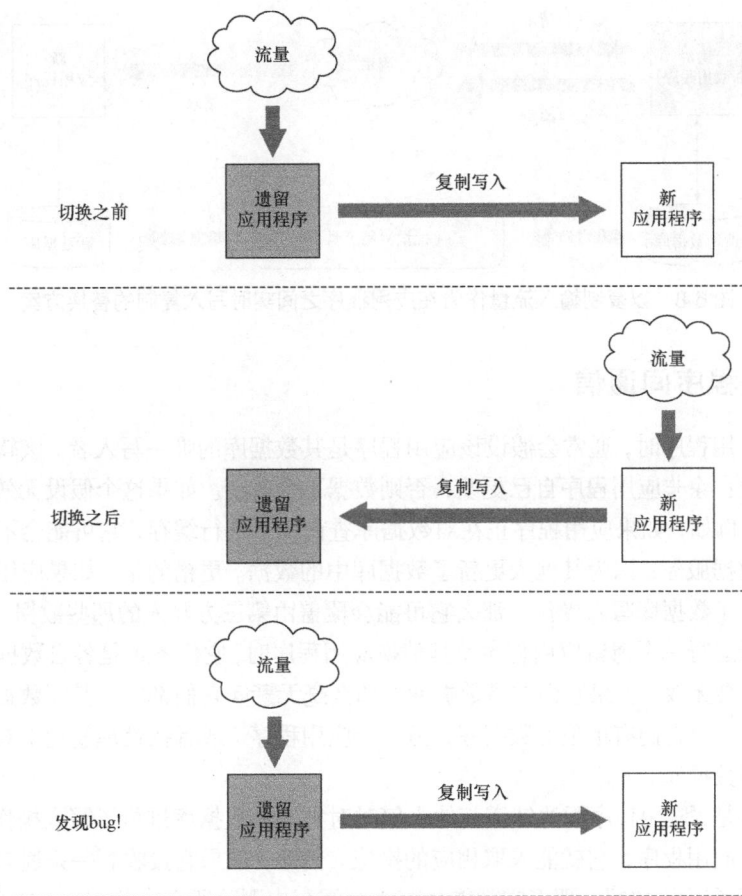

图 6-7　作为更低风险迁移辅助的双向数据同步

## 5. 复制流量

复制流量，是指复制所有来自客户端的输入请求，并将其发送到这两个应用程序（但是，当然只返回一个应用程序的响应）。复制流量是一种替代方法，它可以通过避免一个应用程序将写入转发给另外一个应用程序的需要来简化操作。每个应用程序将接收和处理所有的请求，更新自己的数据库，进行缓存，等等，并且都不知道对方的存在。然而，这种方法只在某种特定的条件下才适用：

- 应用程序不共享一个数据库（否则它们会试图同时写入相同的数据）；
- 新应用程序是相对稳定的（大部分时候它都在运行并能接收流量，而对于那些它未运行时漏掉的数据，你都有方法来恢复它们。）

图 6-8 展示了在输入流量时而不是数据库写入时执行复制的示例。

正如所看到的，请求被发送到这两个应用程序，但是只有一个应用程序的响应被返回给客户端。这里有一个适当的批处理复制工具，用于从新应用程序中的 bug 或者停机时间恢复数据。

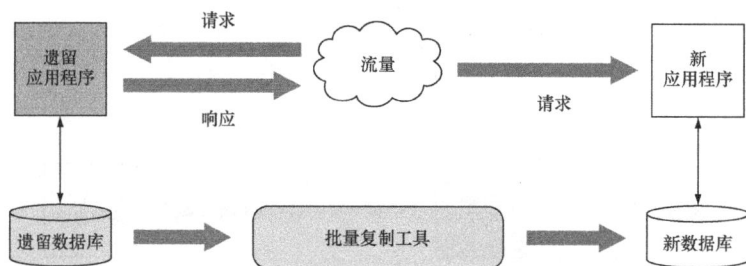

图 6-8　以复制输入流量作为在应用程序之间实时写入复制的替换方案

### 6.3.3　应用程序间通信

开发一个应用程序时，通常会假设该应用程序是其数据库的唯一写入者。该软件设计时就有一个隐含的假设：除非应用程序自己更改，否则数据不会改变。如果这个假设无效，可能会开始出现各种问题。例如，如果应用程序正在对数据库查询结果进行缓存，它可能会不知不觉地为其缓存中的过期数据服务，因为其他人更新了数据库中的数据。更糟的是，如果应用程序随后基于该过期数据执行了数据库写入操作，那么它可能会覆盖由第三方写入的那些数据。

当我们并行运行一个遗留应用程序及其替换应用程序时，它们不再是各自数据库的唯一写入者，所以假设就会无效。如果它们共享数据库，那么毫无疑问它们都在向其写数据，所以这就有两个写入者了。即使它们有单独的数据库，另一个应用程序（或者批处理复制工具）可能也在将写入直接复制到数据库。

问题的本质是，应用程序无法知道其他人何时对它们的数据库进行了写入操作。但是如果我们在写入时通知应用程序，它就能采取相应的措施。例如，如果它接收到一条通知说"我刚刚在你的数据库更新了用户 123"，那么它就能从其内存缓存中删除所有有关用户 123 的数据。

为了支持这些通知，我们需要在现有的遗留应用程序和新应用程序中实现以下两件事情，如图 6-9 所示：

- 通知程序——每当对数据库进行写操作时都要向其他应用程序发送通知；
- 端点——可以接收通知并对其采取行动。

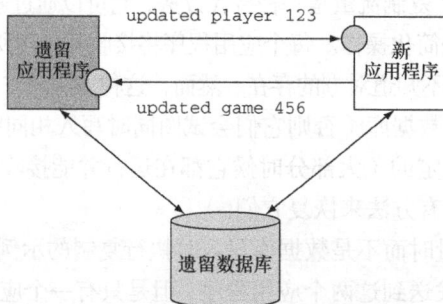

图 6-9　两个应用程序共享一个数据库，并在它们进行写操作时向对方发送通知

在遗留应用程序方面，如何实现这两件事情并不重要。只要实现可以运行，你想它多难看都行。但是在新应用程序中，通知系统应该着眼于未来进行实现，记住，一旦遗留应用程序关闭，它就会被废弃。换句话说，应该用一种易于移除的方式来实现它。

这种情况下有一种明智的设计模式是事件总线（也称为发布/订阅）。每当持久层将数据写入数据库时，推送事件到总线上，然后将事件广播给所有的监听者。监听者可以通过给遗留应用程序发送相应的通知来响应事件。

当遗留程序关闭时，我们要做的就是移除这些监听者。我们可以适当地留下事件总线系统，因为未来它可能对其他功能有用。

# 6.4  小结

- 所有大型软件项目，包括重写的，都应该具有一个范围的文档。
- 为了减少风险，尽可能迭代重写过程，即使它意味着更多的工作量。
- 抵制将既有的实现作为真理的根源的诱惑。把它当成一个有价值的参考，但新规范与它有差异也是没问题的。
- 如果应用程序有数据库，需要选择创建新数据库或者让新旧实现共享同一数据库。如果需要保持新旧系统的同步，分离数据库虽然更复杂但是却给了更大的自由。
- 如果新旧应用程序共享数据存储，需要构建一个转换层，以便在新旧模型直接进行转换。
- 如果新旧应用程序拥有独立的数据库，那就准备好在同步两个数据库的工具上投入大量的精力。
- 如果数据库同步机制是直接写入数据库，请小心不要违反应用程序作为唯一作者的任何假设。

# 第三部分

# 重构之外——改善项目工作流程与基础设施

第三部分也是本书的最后一部分，在这一部分我们将把重点从应该写什么样的软件转移到如何构建与维护软件。

这是一个宽泛的话题，它包括搭建高效软件开发的本地机器，管理软件运行的多个环境，在团队中有效地使用版本控制系统，以及快速可靠地将软件部署到生产环境。

在接下来的 3 章里，我会介绍几个工具，包括 Vagrant、Ansible、Gradle 和 Fabric。不用担心自己没有用过这些工具，或者很庆幸自己已经用过其他类似的工具。此处使用它们只是为了提供一些具体的示例，以便于学习基本技巧。在适当情况下，我会提供可用的类似工具的相关信息。

在最后一章里，我会给出一些小建议，告诉读者如何防止现在写的软件变成以后遗留的恐怖故事。

# 第 7 章 开发环境的自动化

**本章主要内容**
- 一个好的 README 文件的价值
- 使用 Vagrant 和 Ansible 对开发环境进行自动化
- 移除对外部资源的依赖，使开发人员更自主

几乎所有的软件对其周围的环境都有一些依赖。软件（或者其实是开发软件的人）期望在它即将运行的机器上，它所依赖的其他软件已经在运行，并且一些配置也已经完成。例如，很多应用程序都使用数据库存储数据，所以它们依赖于一台正在某处运行并能被访问的数据库服务器；在配置的依赖方面，软件可能期望目标目录已经存在，这样它就能在该目标目录下存储日志文件了。

找出所有的依赖并配置所需的相关环境是相当繁琐的事情。而这些依赖的记录通常并不完整，其原因仅仅是没有一个合适的地方或者标准格式来记录它们。

本章将阐述如何让搭建开发环境和启动维护遗留软件的过程尽可能简单。我们将编写一些脚本，这些脚本不仅能对配置过程进行自动化，同时还充当文档，方便以后的维护人员了解软件的依赖。

## 7.1 工作的第一天

恭喜！欢迎来到 Fzzle 公司开始你的新工作。人力资源的同事在领你参观完办公室之后，带你去见你的新老板。Anna 是用户服务团队的技术主管，而你将是该团队的全栈工程师。她带你去你的办公桌并且告诉你有关工作的详细情况。

首先，介绍一点儿背景。Fzzle 公司是互联网泡沫的幸存者，社交网络领域的元老。本质上来讲，它是一个社交网络，但多年来它积累了大量的辅助服务和微型网站。在基于免费增值会员和定向广告的组合商业模式下，该公司保持了稳定增长并自称拥有几百万的用户。

Fzzle.com 的架构是面向服务的，这个网站由几十个不同规模、不同年龄、不同实现技术的服务构成。正如"用户服务团队"这个模糊的名字告诉我们的一样，这个团队负责开发和维护这

些各种各样的服务。遗憾的是，团队并没有足够的开发人员正确地维护他们管理的服务，所以 Anna 很高兴有人来分担这部分工作。当前她和其他开发人员正在忙着编写一个全新的服务，所以你将负责维护他们最近没有时间管理的那些遗留服务。

你的第一项工作是把一个新功能添加到用户活动仪表盘（useractivity dashboard，UAD）。这是一个为 Fzzle 的市场部门和广告合作商设计的内部 Web 应用程序。它显示了该网站上有多少活跃的用户、他们一直在浏览什么内容以及哪些用户区段正在增长等一些详细信息，这样广告商就可以计划有针对性的广告活动。不幸的是，尽管用户活动仪表盘对业务至关重要，但是它过于陈旧并且近来不再受开发人员的喜爱。

Anna 告诉你先去克隆 Git 代码仓库，然后让用户活动仪表盘在你的本地机器上运行起来。她还说，如果你有什么问题可以找她帮忙，但是她看起来真的很忙，所以你决定尽量自己搭建好环境，不去打扰她。毕竟，这能有多难呢？

### 7.1.1　搭建用户活动仪表盘开发环境

按照指示，你克隆了这个 Git 代码仓库，并打开看了一下。首先，阅读 README 文件。咦，怎么没有 README 文件？好奇怪。我猜你肯定会做一些试探性的工作来找出构建和运行这个工程的方法。

接下来，你找到一个 Ant 构建文件、一些 Java 源文件和一个 web.xml 文件。现在你已经取得了一点点进展。看起来这是一个标准的 Java Web 应用程序，所以它应该在一个 Web 应用容器里运行。你有使用 Apache Tomcat 的经验，所以你从网站上下载并安装了 Tomcat。你还去 Oracle 的网站下载了最新的 Java 包。

Java 和 Tomcat 安装完成之后，你用编辑器打开 Ant 构建文件，想弄懂如何编译应用程序并将其打包成适合在 Tomcat 上部署的 WAR 文件。你找到一个叫作 `package` 的目标，它似乎能完成你想做的事情，于是你就去 Ant 网站上下载安装 Ant，然后运行 `ant package`。

```
$ ant package
Buildfile: /Users/chris/code/uad/build.xml

clean:

compile:
    [mkdir] Created dir: /Users/chris/code/uad/dest
    [javac] Compiling 157 source files to /Users/chris/code/uad/dest

package:
    [war] Building war: /Users/chris/code/uad/uad.war

BUILD SUCCESSFUL
Total time: 15 seconds
```

嘿！成功了！你把生成的 WAR 文件复制到 Tomcat 的 webapps 目录下，启动 Tomcat，然后让浏览器访问 http://localhost:8080/uad/。

遗憾的是，你看到的是一个完全空白的页面。检查 Tomcat 的日志，你发现了下面的错误信息：

```
Cannot start the User Activity Dashboard. Make sure $RESIN_3_HOME is set.
```

Resin？你听说过，但是从未使用过。它是一个和 Tomcat 类似的 Java Web 应用容器。从错误消息来看，你需要安装的是版本 3。你前往 Resin 的网站，找到 Resin 3 的下载页面（虽然它很旧并且被弃用了，但幸运的是仍然能下载），下载并安装它。你尽力按照找到的博客信息来配置它。

在把 WAR 文件复制到 Resin 的 webapps 目录下，启动 Resin 之后，你马上又遇到另外一个错误信息：

```
Failed to connect to DB (jdbc:postgresql://testdb/uad)
Check DB username and password.
```

当你正在思考这个错误信息的时候，Anna 走过来告诉你："对不起，我忘记告诉你了，搭建用户活动仪表盘的操作指南在开发人员 wiki 上。看一下 http://devwiki/，你应该可以找到。"

wiki 页面如图 7-1 所示，澄清了一些迷惑。但是似乎它也是不可靠的、维护不利的，所以可能不应该完全相信任何写在这个页面上的东西。

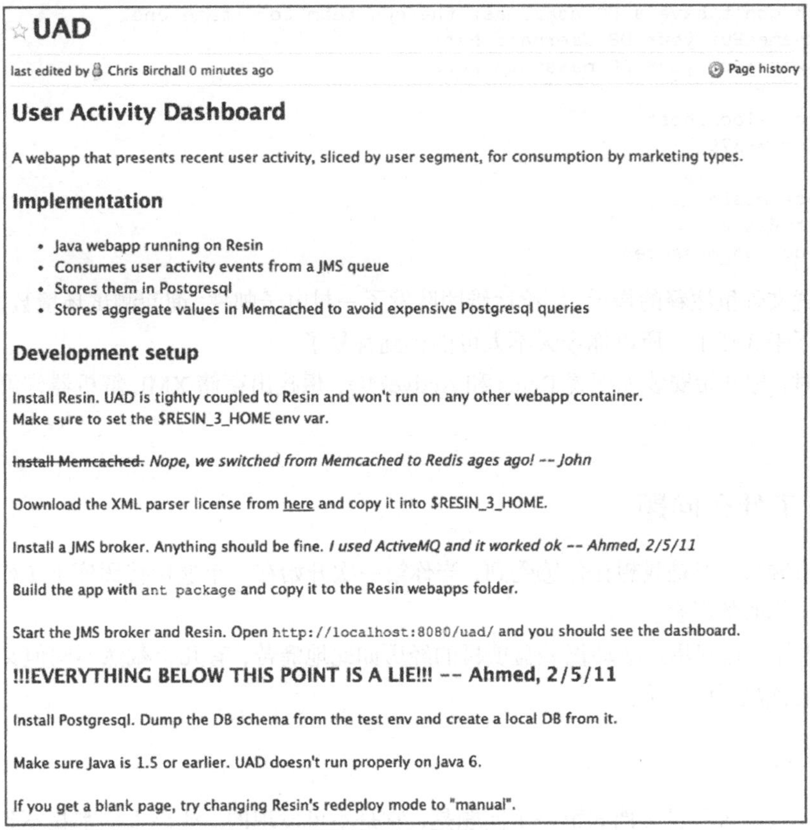

☆ **UAD**

last edited by 👤 Chris Birchall 0 minutes ago    🔄 Page history

## User Activity Dashboard

A webapp that presents recent user activity, sliced by user segment, for consumption by marketing types.

## Implementation

- Java webapp running on Resin
- Consumes user activity events from a JMS queue
- Stores them in Postgresql
- Stores aggregate values in Memcached to avoid expensive Postgresql queries

## Development setup

Install Resin. UAD is tightly coupled to Resin and won't run on any other webapp container. Make sure to set the $RESIN_3_HOME env var.

~~Install Memcached.~~ *Nope, we switched from Memcached to Redis ages ago! -- John*

Download the XML parser license from <u>here</u> and copy it into $RESIN_3_HOME.

Install a JMS broker. Anything should be fine. *I used ActiveMQ and it worked ok -- Ahmed, 2/5/11*

Build the app with `ant package` and copy it to the Resin webapps folder.

Start the JMS broker and Resin. Open `http://localhost:8080/uad/` and you should see the dashboard.

## !!!EVERYTHING BELOW THIS POINT IS A LIE!!! -- Ahmed, 2/5/11

Install Postgresql. Dump the DB schema from the test env and create a local DB from it.

Make sure Java is 1.5 or earlier. UAD doesn't run properly on Java 6.

If you get a blank page, try changing Resin's redeploy mode to "manual".

图 7-1　用户活动仪表盘的开发人员 wiki 页面

从上述 wiki 页面可以看出，这个应用似乎有很多外部依赖，你已经找到了其中的一部分。

■ 它需要一个 Java Web 应用容器，准确说是 Resin 3。

■ 它需要 Java 消息传递服务（Java messaging service，JMS）消息代理（message broker）来提供一个消息队列。看起来 Apache ActiveMQ 是一个不错的选择。

■ 它需要一个 PostgreSQL 数据库来存储原始数据。

■ 它需要一个 Redis 实例（instance）来存储聚合数据。

■ 最后，它还需要安装专有的 XML 解析器的许可证文件。

你记下上述内容之后，又回过头来继续尝试解决你的数据库连接问题。又看了看日志里的错误信息，看起来像是应用程序正在试图连接测试环境里的 PostgreSQL 数据库。但是，程序是从哪里获取 JDBC 的 URL 呢？一定在哪里有一个配置文件。你再次看了一下这个 Git 代码仓库，发现了一个名为 config. properties 的文件。

```
# Developer config for User Activity Dashboard.
# These values will be overridden with environment vars in production.

db.url=jdbc:postgresql://testdb/uad
# If you don't have a DB user, ask the ops team to create one
db.username=Put your DB username here
db.password=Put your DB password here

redis.host=localhost
redis.port=6379

jms.host=localhost
jms.port=61616
jms.queue=uad_messages
```

按照配置文件里注释的指示，你给运维团队发了一封电子邮件，询问测试环境数据库的账号。此时已经是下午 3 点了，所以你今天不太可能得到答复了。

与此同时，你开始安装和配置 Redis 和 ActiveMQ，想找出存储 XML 解析器许可证秘钥的地方……

## 7.1.2　出了什么问题

这个故事颇长，但是我想让你感受到，当你第一次开始在一个遗留代码库上工作，进行经常需要的探索工作时的沮丧。

但是，为什么搭建用户活动仪表盘项目的经历如此地痛苦，有几个截然不同但又互相关联的原因。让我们依次了解一下。

### 1. 糟糕的文档

用户活动仪表盘项目文档的第一个问题是，它是不可发现的。如果人们都找不到文档，那么编写文档还有什么意义。

一般而言，文档越靠近源代码，开发人员就越容易找到。我建议把文档存储在和源代码相同的代码库里，最好是很容易看到的根目录里。如果你更喜欢把文档保存在其他地方，如 wiki 上，那么至少在代码库里添加一个写有这个文档链接的文本文件。

第二个问题是，wiki 页面似乎没有合适的层次结构。这意味着它不仅很难阅读，也很难被更新。这里也没有如何更新它的规则，所以随着时间的推移，它会逐渐变成一个提示、修正、过时信息或者不确定信息的大杂烩。

让文档变得易于编写、易于阅读、易于更新的秘诀非常简单：让文档拥有层次结构且保持短小。在下一节里我们将讲述如何做到这一点。

## 2. 缺乏自动化

你可能已经注意到了，为了能够让用户活动仪表盘在开发机器上运行，需要很多繁琐的手动步骤。其中有许多步骤非常相似，例如：

（1）下载东西；

（2）安装它（解压它，并将它复制到某个地方）；

（3）配置它（在文本文件里更新一些参数值）。

这类步骤迫切需要被自动化。自动化的好处有很多方面：

- 开发人员浪费的时间更少——还记得在 wiki 页面上写注释的 John 和 Ahmed 吗？谁知道还有多少人，他们曾经不得不经历和你刚才几乎一样的手动步骤；
- 冗余文档更少——这意味着文档更有可能被阅读，并且更有可能保持最新；
- 开发人员的机器环境更好统一——所有的开发人员都会运行同一个软件的完全一样的版本。

## 3. 依靠外部资源

你不得不让运维团队为你创建一个 PostgreSQL 的用户。这样的事情（这个步骤需要等待人员的回应）会拖慢新手熟悉项目的过程，并且等待某个人回应你的电子邮件才能完成开发环境的搭建是一件非常令人沮丧的事情。

理想的情况下，一个开发人员应该可以在他们的本地机器上安装运行所有必需的依赖。这样的话，他们能够完全控制那些依赖。例如，如果他们需要创建一个数据库用户，那么他们可以直接创建。（或者，更好的是，用一个脚本帮助他们创建！）尽你所能去维护开发人员的自主性并移除工作流程中的阻碍步骤，这样做真的可以提高生产力。

让开发人员在本地运行一切，也可以减少人们之间互相影响的范围。你将再也不会听到开发人员说这样的话："有人介意我在这台服务器上更改时间吗？我需要测试一些东西。"或者"啊！我刚刚在测试环境中擦除了数据库的数据。我对不起大家！"

在本章剩下的几节中，我们将阐述如何改进新人熟悉用户活动仪表盘项目的过程。首先改进文档，然后添加一些自动化步骤。

## 7.2　一个好的 README 文件的价值

以我的经验来看，源代码库根目录下的 README 文件是最有效的文档形式。它极易被发现，同时由于它靠近源码所以更有可能保持更新，如果写得好的话，它会使新开发人员熟悉项目的过程又快又无痛苦。

另外一个好处就是，因为 README 文件和源代码在同一个仓库，所以它就成为了代码评审的一个目标。不论你什么时候更改了软件开发环境的搭建步骤，评审者都能检查到 README 文件已经相应地更新了。

**README 文件的格式**　README 文件应该是人类可读的纯文本文件，这样开发人员就能在自己选择的编辑器中打开它。有很多流行的结构化文本格式，但是我最喜欢的是 Markdown。因为它易于读写，尤其是当包含代码示例的时候，同时它也能被像 GitHub 这样的网站很好地渲染。

README 文件应该像代码清单 7-1 这样编排。

**代码清单 7-1　Markdown 格式的 README 文件范例**

```
# My example software
Brief explanation of what the software is.

## Dependencies
* Java 7 or newer
* Memcached
...

The following environment variables must be set when running:
* `JAVA_HOME`
...

## How to configure
Edit `conf/dev-config.properties` if you want to change the Memcached port, etc.

## How to run locally
1. Make sure Memcached is running
2. Run `mvn jetty:run`
3. Point your browser at `http://localhost:8080/foo`

## How to run tests
1. Make sure Memcached is running
2. Run `mvn test`

## How to build
Run `mvn package` to create a WAR file in the `target` folder.

## How to release/deploy
Run `./release.sh` and follow the prompts.
```

这个例子给出的恰好是一个新开发人员开始时所需的信息，仅此而已。保持 README 文件有用的关键在于简洁。

你可能想写更多关于该软件的文档，如解释架构，或者当生产环境出错时如何解决问题，但是这些都不应该放进 README 文件中。你可以在 wiki 上写一些额外的文档（确保能从 README 链接到它们）或者在代码库添加一个文档文件夹，并把它们写在单独的 Markdown 文件里。

当然，如果在本地运行软件需要大量的手动搭建步骤，那么就很难保持 README 简短。在下一节，我们将阐述如何通过自动化环境的搭建过程来解决这一问题。

## 7.3 用 Vagrant 和 Ansible 对开发环境进行自动化

有很多种工具可以帮你自动化开发机器的搭建过程。在本章剩余的部分，我们将使用 Vagrant 和 Ansible 来实现用户活动仪表盘项目的自动化。

在详细讲解这两种工具之前，我们先快速了解一下它们是做什么的，以及我们为什么要使用它们。

- Vagrant——Vagrant 能令多台虚拟机的管理过程自动化，不论虚拟机是在本地开发机器上还是在云上。这样做的意义在于，软件的每一部分都可以有一个虚拟机。因为软件的依赖（Ruby 运行时、数据库、Web 服务器等）都会被保存在虚拟机中，所以它们就可以很好地和你机器上安装的其他东西隔离开来。
- Ansible——Ansible 能令应用程序的配置（应用程序的安装以及其所有依赖项的配置）自动化。你在一组 YAML 文件中写下需要的步骤，Ansible 就会负责执行这些步骤。这种自动化使得配置简单可重复，能够减少由于人工错误导致错误配置的概率。

### 7.3.1 Vagrant 介绍

Vagrant 工具可以让你使用编程方式为你的应用程序及其所有依赖构建一个隔离的环境。

Vagrant 的环境是一个虚拟机，所以它可以与主机和其他可能正在运行的 Vagrant 机器完全隔离。对于底层的虚拟机技术，Vagrant 支持 VirtualBox、VMware，甚至支持亚马逊 EC2 基础设施上的远程机器。

可以用 `vagrant` 命令管理虚拟机（启动它们、停止它们、销毁不需要的虚拟机等），并且只需键入 `vagrant ssh` 命令即可登录到虚拟机上，你也可以在主机与虚拟机之间共享目录（如软件的源代码库）。Vagrant 能够将虚拟机的端口转发到主机上，这样你就可以在本地机器上通过 http://localhost/访问到虚拟机上运行的 Web 服务器了。

使用 Vagrant 的主要优势如下。

- 它使得在虚拟机内自动化搭建开发环境变得很容易，这一点接下来你就会看到。
- 每一个虚拟机都是独立于主机和其他虚拟机的，所以当在同一台机器上搭建不同项目的时候，你不用担心版本冲突。如果一个项目需要 Python 2.6、Ruby 1.8.1 和 PostgreSQL 9.1，而另外一个项目需要 Python 2.7、Ruby 2.0 和 PostgreSQL 9.3，那么在你的开发机器上搭建这些就会很棘手。但是，如果每个项目单独存在于一个独立的虚拟机中，那就简单多了。

■ 虚拟机通常是 Linux 机器，所以如果你在生产环境使用的是 Linux，你就能准确地重新创建这个生产环境。

如果你想炫酷一点，Vagrant 甚至支持多虚拟机设置，因此你可以为你的应用程序构建整个栈（包括 Web 服务器、数据库服务器、缓存服务器、Elasticsearch 集群等），尤其是可以完全复制生产环境中的设置，而所有的这些都是在你的开发机器上运行的！

如果你想跟随本章的其他内容，但又没有安装 Vagrant 的话，你可以直接去 Vagrant 的网站（www.vagrantup.com/），按照上面的安装说明进行安装。安装过程非常简单。注意，你还需要安装一个虚拟机提供程序（provider），如 VirtualBox 或者 VMware。本章剩余的部分，我会使用 VirtualBox。

## 7.3.2   为用户活动仪表盘项目搭建 Vagrant

要给用户活动仪表盘项目添加 Vagrant 的支持，首先需要创建一个 Vagrantfile 文件。勿庸置疑，这是代码库根目录下一个名叫 `Vagrantfile` 的文件。它是一个用 Ruby DSL 编写的配置文件，旨在告诉 Vagrant 如何给该项目搭建虚拟机。

你可以通过运行 `vagrant init` 创建一个新的 Vagrantfile 文件。下面是一个最基本的 Vagrantfile 文件的内容：

```
VAGRANTFILE_API_VERSION = "2"

Vagrant.configure(VAGRANTFILE_API_VERSION) do |config|
  config.vm.box = "ubuntu/trusty64"
end
```

注意，你需要为自己的虚拟机指定使用什么 box。box 就是 Vagrant 用来构建新虚拟机的基础镜像。我将使用 64 位的 Ubuntu 14.04（Trusty Tahr）作为虚拟机的操作系统，所以我把 box 设置为 ubuntu/trusty64。在 Vagrant 的网站上有很多其他可用的 box。

**小心路径中的空格**   如果你的工作目录路径中包含空格，那么本章后面的示例代码将不起作用（并且你会得到一些很奇怪的错误信息）。如果你想在 home 路径下配置，要确保你不会被这个问题所困扰。

现在你可以通过键入 `vagrant up` 来启动你的虚拟机了。一旦虚拟机启动，你就可以通过键入 `vagrant ssh` 登录进去看一看了。

虽然还没有太多可以看到的内容，但是有一件事需要注意，含有 Vagrantfile 的文件夹是自动共享的，所以它可以在虚拟机内部作为 /vagrant 获取到。这是一种双向共享，你在虚拟机上做的任何改动都会被实时地反映在你的宿主机上，反之亦然。

**在线代码**   可以在 GitHub 代码仓库（https://github.com/cb372/ReengLegacySoft）上找到本章的完整代码。

到目前为止，我们只有一台空的 Linux 机器，所以 Vagrant 并没有做任何有用的事情。下一步就是对用户活动仪表盘的依赖的安装和配置进行自动化。

## 7.3.3　用 Ansible 进行自动配置

运行一个软件所需要的一切东西的安装和设置都被称为配置（provisioning）。Vagrant 支持很多种配置方式，包括 Chef、Puppet、Docker、Ansible，甚至普通的旧 shell 脚本。

对于简单的任务，一系列的 shell 脚本通常就已经足够好了。但是它们很难组合和复用，所以如果你想要做一些更复杂的配置，或者复用跨多个项目或环境的部分配置脚本，你最好还是用一个更有力的工具。本书中我将使用 Ansible，但是你可以用 Docker、Chef、Puppet、Salt 或者任何你喜欢的工具来做同样的事情。

在本章中，我们将写一些 Ansible 脚本去配置用户活动仪表盘应用程序。在第 8 章中，我们将复用这些脚本，这样我们就能在所有的环境（从本地开发机器一直到生产环境）中执行同样的配置了。

在我们用 Ansible 配置之前，我们需要在宿主机上安装它。详情请参阅 Ansible 网站的安装文档（http://docs.ansible.com/intro_installation.html）。（颇具讽刺的是，安装完所有这些之后我们才能自动化安装其他的部分，但是我保证这是最后一个需要你手动安装的东西。你只需要安装一次 VirtualBox、Vagrant 和 Ansible，就可以在所有的项目中使用它们了。）

**在 Windows 上运行 Ansible**　Ansible 官方是不支持 Windows 的，但是稍加努力也有可能让它在 Windows 上运行起来。Azavea Labs 的博客中有一篇关于让 Vagrant 和 Ansible 在 Windows 上运行的不错的分步指南："Running Vagrant with Ansible Provisioning on Windows"（http://mng.bz/WM84）。

不像其他的配置工具，如 Chef 或者 Puppet，Ansible 是无代理的。也就是说，你不用在你的 Vagrant 虚拟机上安装 Ansible 代理。相反，不论你什么时候运行 Ansible，它都会在虚拟机上使用 SSH 远程执行命令。

你需要编写一个叫作 playbook 的 YAML 文件，来告诉 Ansible 你将在虚拟机中安装的内容，我们把这个文件保存为 provisioning/playbook.yml。下面是这个文件的一个最基本的例子。

```
---
- hosts: all
  tasks:
    - name: Print Hello world
      debug: msg="Hello world"
```

上述文件告诉了 Ansible 两件事情。第一，它应该在它知道的所有主机上运行这个脚本。本例中，我们只有一个虚拟机，所以这对我们来说是没问题的。第二，它应该运行一个任务来打印"Hello world"。

**YAML 格式**　Ansible 文件全部都是以 YAML 格式编写的。缩进用来代表数据的结构，你必须使用空格（不是 tab）来进行缩进。

你还需要在你的 Vagrantfile 文件中加上几行，告诉 Vagrant 使用 Ansible 进行配置。Vagrantfile 文件应该是下面这个样子的：

```
VAGRANTFILE_API_VERSION = "2"

Vagrant.configure(VAGRANTFILE_API_VERSION) do |config|
  config.vm.box = "ubuntu/trusty64"

  config.vm.provision "ansible" do |ansible|
    ansible.playbook = "provisioning/playbook.yml"
  end
end
```

现在如果运行 vagrant provision，应该可以看到下面这样的输出：

```
PLAY [all] ********************************************************************

GATHERING FACTS **************************************************************
ok: [default]

TASK: [Print Hello world] ****************************************************
ok: [default] => {
    "msg": "Hello world"
}

PLAY RECAP *******************************************************************
default                    :ok=2    changed=0    unreachable=0    failed=0
```

既然你已经把 Ansible 连接到 Vagrant 了，就可以用它安装用户活动仪表盘的依赖了。回想一下，你需要做以下几件事：

- 安装 Java；
- 安装 Apache Ant；
- 安装 Redis；
- 安装 Resin 3.x；
- 安装和配置 Apache ActiveMQ；
- 下载许可证文件，并复制到 Resin 的安装目录下。

我们将使用 Ansible 角色（role）这个概念，给每一个依赖项创建一个独立的角色。这样可以保持每个依赖项完全分离，以便之后当我们想用的时候可以独立地复用它们。让我们从安装 Java 开始吧，因为在做其他事情之前我们需要 Java。

在 Ubuntu 下，OpenJDK 可以通过 apt 包管理器进行安装，所以我们的 Java 角色就非常简单了，我们只需要一个安装 openjdk-7-jdk 包的任务。

让我们来创建一个新文件，provisioning/roles/java/tasks/main.yml（按照惯例，这就是 Ansible 寻找 Java 角色任务的地方），并在其中写出我们的任务：

```
---
- name: install OpenJDK 7 JDK
  apt: name=openjdk-7-jdk state=present
```

即使是在这么短的文件里，仍然有几件事情需要说明一下。第一，`apt` 是一个 Ansible 内置模块的名字。Ansible 有很多的模块，值得你去熟悉它们，这样，当 Ansible 已经有一个你想要的模块时，你就可以避免重复造轮子。在 Ansible 的网站上（http://docs.ansible.com/list_of_all_modules.html），你能看到它们的清单，还有文档和示例。

第二，实际上你并没有告诉 Ansible 去安装 Java，而是提前确保 Java 包存在。Ansible 足够聪明，它会在尝试安装它之前先去检查包是否已经安装。也就是说，（写得好的）Ansible 的 playbook 是幂等的，你可以想运行多少次就运行多少次。

我们需要告诉 playbook 去使用我们的新 Java 角色，所以我们更新一下这个 provisioning/playbook.yml 文件吧，它现在应该是下面这个样子：

```
---
- hosts: all
  sudo: yes
  roles:
    - java
```

现在，如果再次运行 `vagrant provision`，输出应该看起来像下面这样：

```
PLAY [all] ********************************************************************
ATHERING FACTS **************************************************************
ok: [default]

TASK: [java | install OpenJDK 7 JDK] ***************************************
changed: [default]

PLAY RECAP *****************************************************************
default                    : ok=2    changed=1    unreachable=0    failed=0
```

如果想检查上述过程是否生效，可以 SSH 到虚拟机上，执行 `java -version`：

```
vagrant@vagrant-ubuntu-trusty-64:~$ java -version
java version "1.7.0_79"
OpenJDK Runtime Environment (IcedTea 2.5.5) (7u79-2.5.5-0ubuntu0.14.04.2)
OpenJDK 64-Bit Server VM (build 24.79-b02, mixed mode)
```

赞！你刚刚已经使用 Vagrant 和 Ansible 安装好了第一个依赖项。

## 7.3.4　添加更多的角色

让我们用相同的方式给其他的每个依赖添加一个角色吧。接下来就是安装 Redis 和 Ant 了，但是它们几乎和安装 Java 的步骤一样（都是用 `apt` 来安装包），所以这里就省略了。记住，可以在 GitHub 代码仓库（https://github.com/cb372/ReengLegacySoft）查看本章的完整代码。

接下来我们尝试安装 Resin。代码清单 7-2 所示的就是 Resin 角色的任务文件。这个文件应该保存为 provisioning/roles/resin/tasks/main.yml。

代码清单 7-2　安装 Resin 3.x 的 Ansible 任务

```
---
- name: download Resin tarball
  get_url: >
    url=http://www.caucho.com/download/resin-3.1.14.tar.gz
    dest=/tmp/resin-3.1.14.tar.gz

- name: extract Resin tarball
  unarchive: >
    src=/tmp/resin-3.1.14.tar.gz
    dest=/usr/local
    copy=no

- name: change owner of Resin files
  file: >
    state=directory
    path=/usr/local/resin-3.1.14
    owner=vagrant
    group=vagrant
    recurse=yes

- name: create /usr/local/resin symlink
  file: >
    state=link
    src=/usr/local/resin-3.1.14
    path=/usr/local/resin

- name: set RESIN_3_HOME env var
  lineinfile: >
    state=present
    dest=/etc/profile.d/resin_3_home.sh
    line='export RESIN_3_HOME=/usr/local/resin'
    create=yes
```

这个文件比之前的那个文件长，但是如果你依次查看每一个任务，你会发现它并没有做太复杂的事情。这些任务会由 Ansible 按照它们被编写的顺序执行，它们分别做了以下几件事：

（1）从 Resin 的网站上下载 tarball；

（2）解压 tarball 至/usr/local 目录下；

（3）把它的所有者从 root 用户改成 vagrant 用户；

（4）给/usr/local/resin 创建一个方便的符号链接（symlink）；

（5）设置用户活动仪表盘应用程序所需要的 RESIN_3_HOME 环境变量。

如果把新建的 Resin 角色添加到主 playbook 文件里，再运行一次 vagrant provision 的话，你的 Resin 应该就安装好了，并且可以运行了。

下一个角色 ActiveMQ 的任务和安装 Resin 的任务（下载一个 tarball，解压，创建一个符号链接）相似。唯一要注意的是最后一项任务：

```
- name: customize ActiveMQ configuration
  copy: >
    src=activemq-custom-config.xml
    dest=/usr/local/activemq/conf/activemq.xml
    backup=yes
    owner=vagrant
    group=vagrant
```

上述的任务使用了 Ansible 的 `copy` 模块，它可以把一个文件从宿主机上复制到虚拟机上。在解压 tarball 之后，你可以用一个自定义的文件来覆盖 ActiveMQ。这是一种常用技巧——大文件是从互联网上下载到虚拟机上的，但是一些小文件，如配置文件，是存储在代码库里或者从宿主机上复制过来的。

剩下的最后一个任务，就是从公司内网的某个地方下载专有 XML 解析器库的许可证文件，并把这个文件存储在 Resin 的根目录下 。这个任务对于用户活动仪表盘应用程序来说有点儿具体，可能不能被其他地方复用，所以我们就单独为用户活动仪表盘这个具体的任务创建一个角色，并把这个过程放在这个角色里面。

我将把这个任务定义作为练习留给读者，也许你想练习编写 Ansible 脚本。（从互联网上下载一个任意的文本文件，用来代表这个假想的许可证文件。）你也可以参考 GitHub 代码仓库中的解决方案。

## 7.3.5 移除对外部数据库的依赖

不知不觉我们已经做了这么多了。我们试图用几个简短的 YAML 文件自动化整个用户活动仪表盘项目开发环境的搭建过程。这将使得下一个在他们自己机器上搭建此项目的人没那么痛苦。

但是还有最后一个问题我们还没解决。就目前的情况来看，软件依赖于测试环境中共享的 PostgreSQL 数据库，所以所有新同事都需要让运维团队给他们创建一个数据库用户。如果我们能够在虚拟机上搭建一个 PostgreSQL 数据库，并让软件使用这个新数据库的话，那这个问题就解决了。这也意味着每个开发人员都能完全控制他们自己数据库的内容，而不用担心其他人篡改他们的数据。我们来试一试吧！

假设我们有一些测试环境的账户，并且通过这些账户连接到数据库获取其模式：

```
$ pg_dump --username chris --host=testdb --dbname=uad --schema-only > schema.sql
```

然后我们添加一些 Ansible 任务来完成下列工作：安装 PostgreSQL，创建一个数据库用户，创建一个空数据库，用刚刚生成的 schema.sql 文件初始化这个空数据库。这些任务如代码清单 7-3 所示。

**代码清单 7-3 创建并初始化 PostgreSQL 数据库的 Ansible 任务**

```
- name: install PostgreSQL
  apt: name={{item}} state=present
  with_items: [ 'postgresql', 'libpq-dev', 'python-psycopg2' ]  ◁——  要使用 postgresql_*
                                                                       模块，需要加载
- name: create DB user                                                psycopg2 库
  sudo_user: postgres
```

```
    postgresql_user: >
      name=vagrant
      password=abc
      role_attr_flags=LOGIN

- name: create the DB
  sudo_user: postgres
  postgresql_db: >
    name=uad
    owner=vagrant

- name: count DB tables
  sudo_user: postgres
  command: >
    psql uad -t -A
    -c "SELECT count(1) FROM pg_catalog.pg_tables \
        WHERE schemaname='public'"
  register: table_count

- name: copy the DB schema file if it is needed
  copy: >
    src=schema.sql
    dest=/tmp/schema.sql
  when: table_count.stdout | int == 0

- name: load the DB schema if it is not already loaded
  sudo_user: vagrant
  command: psql uad -f /tmp/schema.sql
  when: table_count.stdout | int == 0
```

通过数据库表的数量来断定是否已经加载了模式

如果数据库模式已经包含了表，将不会执行该任务

注意，这个任务比迄今为止我们写过的 Ansible 任务都要复杂一点，因为我们需要使用一点儿手段来实现幂等性。这个清单做了一些条件处理，从而使得只有当数据库表的数量为零的时候（这意味着你还没有加载它）才去加载数据库模式。

现在我们已经自动创建了一个本地的 PostgreSQL 数据库，似乎我们已经完成了自动化过程的最后一部分。下一节我们将一起来看看这些自动化工作的效果。

## 7.3.6　工作的第一天——再来一次

恭喜！欢迎来到 Fzzle 公司开始你的新工作。人力资源的同事在带你参观完办公室之后，带你去见你的新老板。Anna 是用户服务团队的技术主管。她带你去你的办公桌并且告诉你有关工作的详细情况。

你的第一项任务是把一个新功能添加到一个叫作用户活动仪表盘的应用程序上。你克隆了 Git 代码仓库，并看了看 README 文件，了解如何在本地把用户活动仪表盘应用程序运行起来。

README 文件中说，你可以使用 Vagrant 和 Ansible 搭建开发环境。作为公司推荐工具链上的标准元素，这些工具已经预先在你的开发机器上安装好了。你开始执行 vagrant up 命令，来构建和配置你的虚拟机。这个过程可能需要几分钟才完成，所以你悠哉地去研究公司的咖啡机是怎么工作的……

当你回来的时候，配置已经完成了，你的应用已经不紧不慢地运行了起来。午饭的时候你开始着手实现新功能的工作。到这一天结束的时候，你已经完成了这个实现工作，并且提交了你的第一个 pull request，你还记下了几处明天想重构的地方。工作的第一天还不赖！

## 7.4 小结

- README 文件是代码库里最重要的文件。
- 让新来的开发人员开始的工作容易点，就更有可能让他们做出贡献。
- 给应用自动化配置开发环境的时候，Vagrant 和 Ansible 是很好用的工具。
- 如果可能的话，你应该移除对共享开发人员数据库或者其他外部资源的依赖。Vagrant 虚拟机应该包含应用程序需要的所有东西，这样一切才会在开发人员掌控之中。

# 第 8 章  将自动化扩展到测试环境、预生产环境以及生产环境

**本章主要内容**

■  使用 Ansible 提供多个环境

■  把基础设施移到云端

在前一章中，我们编写了 Ansible 的 playbook，并使用它给用户活动仪表盘应用自动化配置本地开发环境。在本章中，我们将基于上述工作，重构 Ansible 脚本，以便于我们可以将这些脚本配置复用到从开发人员的本地机器一直到生产环境服务器的所有环境。

在我们开始之前，我们应该快速了解软件需要运行的环境，以及我们为什么想自动化这些环境的配置过程。

每一个软件应用程序对于开发和运行环境的要求都会稍有不同，但是一般来说会如下所示。

■  开发——开发人员的本地机器，我将称它为 DEV 环境。

■  测试——测试软件的地方，用于在类似于生产环境的硬件上对实际数据进行测试。根据需要，你可能有多个用于不同测试目的的测试环境：一个用于日常手动测试，一个用于预生产环境，还有一个用于性能测试，等等。在本章中，假设只有一个测试环境，我称它为 TEST 环境。不论你需要部署多少个环境，其原理都是一样的。

■  生产——生产环境是真实用户和软件交互的地方。如果软件是像本地移动应用程序或者是用户自助的商业软件这样的东西，那么环境将不受开发人员的控制，所以我们不必关心它。但是如果它是一个你自己控制的 Web 应用程序的话，那么你就要掌管并负责配置生产环境了。在本章中，我将假设我们讨论的应用程序是后者，称它为 PROD 环境。

当然，还有一些软件（如一些库）根本不运行，而是组成其他运行软件的一部分。但即使在这种情况下，使用一个单独的 TEST 环境也可能是有益的，我们可以在该环境运行集成测试，以检查作为应用程序一部分的库函数功能的正确性。

# 8.1 自动化基础设施的好处

将自动化配置从开发机器扩展到所有的环境有很多好处。

## 8.1.1 保证环境一致性

人们常常登录到服务器手动安装新软件、更新现有软件、编辑配置文件，这样很多年之后，各种环境将完全不同步。这种现象有时被称为配置漂移（configuration drif）。不仅如此，还很难说出这些环境到底如何不同，所以你甚至都无法挽救这种局面。如果在每一个环境上都有多个服务器，那么即便是在同一个环境下的不同服务器，它们之间都可能有细微的差别。

这个问题有好几个原因。

- TEST 环境和 PROD 环境不再一致，所以可能在 TEST 上能正确运行并且通过所有测试的代码，在 PROD 环境却可能发生问题。

  我曾遇到过一个由生产服务器的时钟偏差导致的 bug。由于那些服务器没有配置使用网络时间协议（network time protocol，NTP），所以几个月后，他们的系统时钟漂移了几分钟。这导致了分布式数据库的异常行为，因为它假定了所有的数据副本都存在具有同步时钟的机器上。直到在一次回顾中，才发现 TEST 环境的服务器配置使用了 NTP，但是 PROD 环境的服务器却没有。

  忘记搭建 NTP 是一个非常基础的错误，但是当我们依赖于手动过程时，这种事情就会发生。

- bug 可能只出现在一台 TEST 环境的服务器上，但是没出现在其他服务器上，或者只出现在开发机器上，但是没出现在别人的机器上，这会给查找原因的故障排除过程带来困惑和痛苦。

如果你使用配置脚本来自动化所有环境，就能完美地实现它们之间的一致性。你甚至可以对那些多年来一直处于不同步的遗留服务器运行配置脚本，快速地让它们恢复正常运行。

## 8.1.2 易于更新软件

每次为常用软件（如 OpenSSL）发布新的关键安全补丁时，世界各地的运维团队都会发出集体呻吟。如果他们没有将基础设施自动化，那就意味着他们将不得不尽快手动修复那些服务器。

当然，随着自动化的到来，这个故事就不一样了。运维团队只需要编写一个简短的脚本来安装 OpenSSL 的修复版本，然后让他们的配置工具在所有机器上同时运行该修复版本。整个系统在宣告脆弱性的几分钟之内就可以被修复并变成安全的。

## 8.1.3 易于搭建新环境

正如你在上一章看到的，像 Ansible 这样的工具，可以使得从头创建一个全新的完全配置的环境，变得非常快速和容易。

当从硬件故障中恢复的时候,这就非常有用了。如果你其中一个 PROD 服务器硬盘在星期六凌晨 3 点爆炸了,你不需要花几个小时弄清楚哪些东西安装在哪里,然后手动配置一台新服务器。你只需要找到一台备用机,并运行配置脚本,然后几分钟之内就可以运行你的软件了。

除了灾难恢复的情况以外,能够轻松创建一个新的环境仍然是非常有用的。不费什么功夫,你就可以用虚拟机搭建一个全新的环境,填入有趣的假数据来演示一个新功能,然后在演示完成之后删掉虚拟机。廉价地创建和销毁的能力可以给你更多尝试新事物的自由。

## 8.1.4   支持追踪配置更改

如果你使用版本控制系统(如 Git)来管理配置脚本,并存储每次配置管理工具运行时输出的日志文件,那么你就可以完全记录服务器上执行过的所有更改。你知道做了什么更改,谁做的更改,他们为什么做这个更改(假设他们写了良好的提交注释),以及这个更改什么时候被应用到各个环境。

当然,这就要假设人们没有手动登录或者搅乱配置文件等操作。你可以通过锁定 SSH 访问来防止这样的操作,以便只有配置工具才能登录到服务器。

如果你还没有自动化配置,可以尝试着手动维护配置更改的记录,或许你可以使用一个电子表格。但是这个过程会相当乏味,因为它依赖于人们的记忆,本质上来说它并不可靠。那么为什么不让一个工具帮你做这些事呢?

# 8.2   将自动化扩展到其他环境

对于一些手动配置了多年的机器来说,把它们移到基础设施自动化的系统(如 Ansible)中会带来一定的风险。如果 Ansible 的 playbook 没有包含搭建一台服务器的所有必需步骤,那么你的软件可能不会按照预期运行。

正因为如此,按照重要性递增的顺序依次自动化所有的环境是十分有意义的。如图 8-1 所示,我们从上一章处理过的 DEV 环境开始。然后自动化 TEST 环境,并在移到 PROD 环境之前检查一切仍能正常运行。

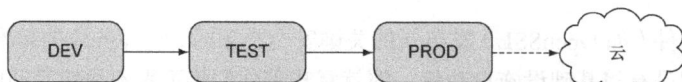

图 8-1   在接触 PROD 环境之前,从最不关键的环境开始自动化环境

此时,如果愿意的话,你可以研究一下如何把你的基础设施转移到云上。因为有自动化脚本工具可以很轻松地从头搭建一台机器,所以不论你的机器是在云上,还是在你自己的数据中心都没关系。稍后本章将更多地讨论这个问题。

## 8.2.1   重构 Ansible 脚本以处理多种环境

在第 7 章,我们结合使用了 Ansible 和 Vagrant 来配置用户活动仪表盘应用的 DEV 环境。用户活动仪表盘是一个在 Resin 上运行的 Java Servlet 应用，它依赖于 ActiveMQ、PostgreSQL 和 Redis。

我们想复用之前写的 Ansible 脚本来配置 TEST 环境和 PROD 环境，但是在复用它们之前，我们需要先做一些重构。具体如下：

- 脚本假设我们有一个名为 vagrant 的操作系统用户，当然只有当 Ansible 在 Vagrant 的内部运行时，该假设才真的成立。
- 在 DEV 环境，我们想让用户活动仪表盘应用、PostgreSQL 数据库、Redis 服务器和 ActiveMQ 代理全部运行在同一个 Vagrant 虚拟机上，但是在 TEST 环境和 PROD 环境，它们却应该被安装在独立的机器上。
- 我们想管理多个环境（TEST 环境和 PROD 环境），并且每一个环境都有一个我们想管理的服务器清单。

让我们一个一个地解决这些问题吧。

## 1. 为应用引入一个用户

当前，我们使用的 Ansible 脚本依赖于一个叫作 vagrant 的操作系统用户。当然，当应用在 Vagrant 虚拟机内部运行时，Vagrant 会创建这个用户，但是在 TEST 或者 PROD 这样的特有情况下，我们需要创建一个用户来运行应用。我们来添加一个创建 uad 用户的 Ansible 角色吧。

现在是时候介绍 Ansible 对变量的支持了。用户名这个信息，所有地方都需要引用，所以我们将把它变成一个变量，而不是硬编码在很多不同的文件里 。这样的话，我们就可以只定义用户名一次，当我们想改变它的值时，也就方便多了。

接下来展示创建一个用户的任务，包括对新 app_user 变量的引用。我们将其保存为 roles/user/tasks/main.yml。

```
- name: create application user
  user: name={{ app_user }} state=present
```

我们也应该对所有现有任务进行快速的查找和替换，用{{app_user}}占位符替换所有硬编码的用户名 vagrant。

当然，我们也需要定义 app_user 变量，告诉 Ansible app_user 的值应该为 uad。Ansible 允许我们用很多不同的方法做这件事，但是这里我们将直接把它放进 playbook 文件，如下所示。

```
---
- hosts: all
  sudo: yes
  vars:
    - app_user: uad
  roles:
    - user
    - java
    - ant
    - resin
    - redis
    - activemq
```

```
- postgresql
- uad
```

现在如果运行 vagrant provision，将看到 Ansible 首先创建了一个 uad 的用户，然后在适当的后续任务中引用该用户。

## 2．分离应用、数据库、Redis 以及 ActiveMQ 主机

在 DEV 环境中，我们只有一台机器（Vagrant 虚拟机），我们要在该机器上执行所有的安装和配置。

但是当搭建一个更复杂的环境时，如 TEST 环境或者 PROD 环境，我们将需要配置多台机器，在不同的机器上做不同的事情。例如，我们不想在所有的机器上都安装 PostgreSQL，只想在数据库服务器上安装它。

幸运的是，Ansible 支持这一点。它允许你构建所谓的机器的 inventory，并把它们分组成 Web 服务器、数据库服务器等。我们来给 TEST 环境创建一个 inventory 文件吧，并将其分为 4 个主机组：webserver、postgres、redis 和 activemq。文件内容类似下面的样子（我使用的是 Amazon EC2 的机器），并将其保存为 provisioning/hosts-TEST.txt。

```
[webserver]
ec2-54-77-241-248.eu-west-1.compute.amazonaws.com

[postgres]
ec2-54-77-232-91.eu-west-1.compute.amazonaws.com

[redis]
ec2-54-154-1-68.eu-west-1.compute.amazonaws.com

[activemq]
ec2-54-77-235-158.eu-west-1.compute.amazonaws.com
```

注意，每个组可以包含多台主机，任意一台主机都可以是多个组的一个成员。也可以动态生成这些主机组，例如，可以通过查询一个云服务提供商的 API 获取主机列表，而不是维护一个静态文件。

一旦我们定义好了我们的主机组，我们就能在 playbook 文件中引用它们了。我们将更新 playbook 文件，以适当地跨主机组分配角色，因此 playbook 文件现在就变成了代码清单 8-1 所示的样子。

**代码清单 8-1　跨多个主机组分配角色的 playbook**

```
---
- hosts: postgres
  sudo: yes
  roles:
    - postgresql

- hosts: activemq
```

```
  sudo: yes
  vars:
    - app_user: activemq
  roles:
    - user
    - java
    - activemq

- hosts: redis
  sudo: yes
  roles:
    - redis

- hosts: webserver
  sudo: yes
  vars:
    - app_user: uad
  roles:
    - user
    - java
    - ant
    - resin
    - redis
    - activemq
    - postgresql
    - uad
```

注意，你可以怎样给 webserver 和 activemq 主机复用 user 和 java 角色。

不幸的是，上述行为破坏了 Vagrant 的设置，因为 Vagrant 不知道虚拟机应该属于哪一个主机组。我们来给 Vagrant 创建一个 inventory 文件吧，就称之为 hosts-DEV.txt。

```
default ansible_ssh_host=127.0.0.1 ansible_ssh_port=2222

[webserver]
default

[postgres]
default

[redis]
default

[activemq]
default
```

这告诉 Ansible 要在 Vagrant 虚拟机上配置一切。

我们还将更新 Vagrantfile 来告诉 Vagrant 在运行 Ansible 的时候使用此 inventory 文件：

```
config.vm.provision "ansible" do |ansible|
  ansible.playbook = "provisioning/playbook.yml"
  ansible.inventory_path = "provisioning/hosts-DEV.txt"
end
```

最后，我们需要稍微重构一下 Ansible 角色，让其能够处理现在用户活动仪表盘应用的 Web
服务器和 PostgreSQL 数据库服务器在不同机器上的事实。

我们将把创建数据库以及创建数据库用户的任务移到 `postgresql` 角色中去，并在这个过
程中添加变量，同时更新初始化数据库模式的任务，这样应用程序就能连接到 PostgreSQL 服务
器上的数据库，而不是本地主机（`localhost`）上的数据库了。我们还需要对 PostgreSQL 服务
器的配置进行更改，让它允许用户活动仪表盘应用从远程机器上访问这个数据库。

上述过程的细节有一点烦琐，所以我不会深究它。和往常一样，本章完整的代码可参考 GitHub
代码仓库（https://github.com/cb372/ReengLegacySoft）。

现在我们终于可以用 Ansible 配置 TEST 环境了！使用如下的命令来运行 Ansible 的 playbook，
inventory 文件可以用我们之前准备好的 host-TEST.txt 文件。

```
ansible-playbook -i provisioning/hosts-TEST.txt provisioning/playbook.yml
```

应该可以看到 Ansible 登录到不同的服务器并开始运行任务，就像我们使用 Vagrant 的时候
一样。几分钟之后，你的 TEST 环境就完全配置好了。

> **ansible-playbook 命令**　这是一个用来运行 playbook 的命令。你到现在才看到它，是因为
> Vagrant 在帮我们运行它。你可能需要给这个命令传入一些额外的选项，例如，告诉它以什么用户
> 登录服务器以及用什么私钥登录。

### 给每个环境添加一个 inventory 文件

除了 DEV 环境和 TEST 环境，我们也想管理其他环境，如 PROD 环境。我们需要一种方式
来告诉 Ansible 有关 PROD 环境的主机的信息。

这真的很容易实现。我们只需要创建一个新的名为 host-PROD.txt 的 inventory 文件，把 PROD
环境的主机都写在这个文件里。现在我们有 3 个 inventory 文件了（hosts-DEV.txt、hosts-TEST.txt
和 hosts-PROD.txt），我们可以根据需要配置的环境，把合适的文件传递给 `ansible-playbook`
命令。

作为备选策略，你可以把自己的所有主机都保存在一个大的 inventory 文件中，创建几个主
机组（如 `test` 和 `prod`），并在运行 `ansible-playbook` 命令的时候指定主机组。但是如果你
忘记了指定主机组，你会不小心对所有的环境立即执行一些未经测试的配置脚本，这可能是灾难
性的行为。我宁愿让我的环境隔离在单独的 inventory 文件里。

## 8.2.2　为 Ansible 角色和 playbook 搭建库

使用配置工具（如 Ansible）的主要好处之一是复用角色非常简单，不用手动配置或者用 shell
脚本自己实现解决方案。

早前你已经看到，我们能够复用 `user` 和 `java` 角色创建用户，并在 Web 服务器和 ActiveMQ
代理上为用户活动仪表盘应用安装 Java。但是如果我们考虑得更远，构建一个通用的可定制化的

角色库，然后使用它们配置很多不同的应用，将会意义非凡。多亏了 Ansible 对变量和模板的强大支持，我们完全有可能并且很容易实现上述想法。

鉴于用户活动仪表盘应用使用 PostgreSQL 作为它的数据库，Fzzle 的许多其他应用很可能也在使用 PostgreSQL。在所有情况下，PostgreSQL 的基本安装步骤几乎都是一样的，但是特定的配置可能会根据应用的不同而有所不同。一些应用可能以写为主，而其他应用可能以读为主，同时有一些应用可能会产生比其他应用更多的数据流量。我们可以通过 Ansible 的模板功能，利用变量来定制 PostgreSQL 的配置。

我们也可以给变量设置默认值。如果我们在 `postgresql` 角色里设置合理的默认值，那么搭建一个新的 PostgreSQL 服务器就会变得非常简单：只需要在你的 Ansible playbook 中添加一行配置代码包含此角色就可以了。或者，如果你想给自己的应用负载调整 PostgreSQL 配置，你可以按照你自己的需要重写变量。

到现在为止，我们已经把我们的 Ansible 脚本存储在了用户活动仪表盘应用的 Git 代码仓库的 `provisoning` 文件夹下了。但是，如果我们想和其他应用共享这些角色的话，第一步就是从用户活动仪表盘的 Git 代码仓库中获取它们，然后把它们移到一个更容易共享的地方。我推荐新建一个 Git 代码仓库，叫作 `ansible-scripts` 或者类似这样的名字，然后里面存放整个组织需要的 Ansible 代码。这样的话，在应用之间共享角色就超级容易了。

这个代码仓库里的文件夹结构应该类似于下面的样子：

```
ansible-scripts/
  common_roles/
    java/
      tasks/
        main.yml
    postgresql/
      tasks/
        main.yml
      templates/
        postgresql.conf.template
    ...                              ◁——— 其他共同角色
  uad/
    roles/
      uad/
        tasks/
          main.yml
    playbook.yml
    hosts-DEV.txt
    hosts-TEST.txt
    hosts-PROD.txt
  website/
  adserver/
  data_warehouse/
  corporate_site/
  ...                                ◁——— 其他应用程序
```

在这个名为 common_roles 的顶层文件夹下，包含着你想在各个应用程序之间共享的所有角色。然后每个想用 Ansible 配置的应用都有一个文件夹。每个应用的文件夹都包含一个 playbook.yml 文件（引用一个或多个共同角色）以及每个环境的主机 inventory 文件。你可能也会有一些特定于应用的角色执行任何不值得共享的任务。

在迁移至上述文件夹结构之后，用户活动仪表盘应用的 playbook.yml 将类似于下面的样子：

```
---
- hosts: postgres
  sudo: yes
  vars:
    db_user: uad
    db_password: abc
    database: uad
  roles:
    - ../common_roles/postgresql
...                                    ←—— 其他主机
```

注意，playbook 是如何引用共同的 postgresql 角色的。在这种情况下，我们接受了该角色对 PostgreSQL 配置的默认值，但是如果我们想重写它们，可以像下面这样做：

```
- hosts: postgres
  sudo: yes
  vars:
    db_user: uad
    db_password: abc
    database: uad
  roles:
  - { role: ../common_roles/postgresql, max_connections: 10 }
```

在将我们的 Ansible 脚本全部移到一个共同的仓库之后，一个问题出现了：当想配置一台 Vagrant 虚拟机时，我们该如何使用它们呢？现在 playbook 和角色都在应用程序的 Git 仓库里，因此很容易告诉 Vagrant 在哪里找到它们。

这个问题我还没有找到完美的解决方案，但是下面有几个选项可供选择。

■ 使用 Git 的 submodule 功能让每个应用程序的仓库都包含 ansible-scripts 仓库。但是不幸的是，这意味着你可能需要时不时地手动更新 Git 的子模块来获取最新的 Ansible 脚本，最后那些不相关应用程序的配置脚本会弄乱你的代码库。

■ 制定一条约定，让开发人员把 ansible-scripts 仓库克隆到他们工作目录的同级目录下，并在应用的 Vagrantfile 中指明该 ansible-scripts 地址。

## 8.2.3 让 Jenkins 负责

Ansible（或者更具体地说是 ansible-playbook 命令）需要在一个宿主机上运行。然后通过 SSH 从该宿主机登录到目标机器上运行相应的命令。那么宿主机应该在哪里，应该由谁负责运行 ansible-playbook 命令呢？

一个简单的做法是，让开发人员和运维团队成员在他们的本地机器上运行 Ansible。因为 Ansible 脚本是用 Git 管理的，每个人的脚本都是一样的，因此谁来运行 Ansible 命令都是没问题的。但这远非理想的做法，原因如下。

- 没有 Ansible 运行过的事实记录。除非运行命令的人在运行之后，给每个人都发一封电子邮件，告诉大家他已经配置了这些机器，否则谁都不会察觉。所有 Ansible 输出的有用日志也只是在那个人的机器上，因此没有其他人能够审查这些日志。
- 在更改配置脚本之后，他们可能会忘记运行 Ansible。将更改提交到了 Git，但是却从来没有应用到机器上。或者，他们可能只把更改应用到 TEST 环境，但是没有应用到 PROD 环境，这意味着，你将失去你一直致力实现的宝贵的跨环境一致性。

更好的办法是，让 Jenkins（或者任何你使用的持续集成服务器）负责运行 Ansible。你可以创建一个 build，使其在所有的环境上定期运行配置脚本，或者每次有改动就推送到 ansible-scripts 仓库里。这样的话，你就能确保所有的机器应用的都是最新的 Ansible 脚本，同时任何想要看 Ansible 日志的人都可以看到这些日志。

你还应该限制目标机器上的 sudo 访问，以便除了 Jenkins（或许还有一些运维团队成员）以外，没人能够运行 Ansible，因为 sudo 访问会破坏平衡。

把所有这些整理到一起，就形成了一个基于 Ansible、Jenkins 和 Vagrant 的配置工作流程，如图 8-2 所示。

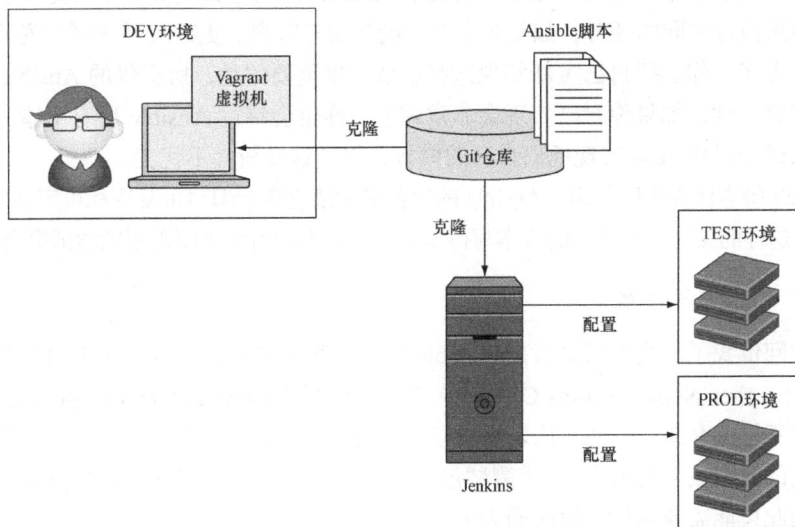

图 8-2 一个基于 Ansible、Jenkins 和 Vagrant 的配置工作流程

这些 Ansible 脚本存储在 Git 仓库里，会被 Jenkins 和开发人员克隆。Jenkins 使用 Ansible 配置 TEST 环境和 PROD 环境，而开发人员使用 Ansible 和 Vagrant 在开发人员本地机器上运行的 Vagrant 虚拟机中配置 DEV 环境。

**Ansible Tower**　如果你开始严重依赖 Ansible 进行配置，值得一看的一个产品是 Ansible Tower（www.ansible.com/tower）。这是一个 Ansible 的图形化仪表盘，与用 Jenkins 实现的方式相比，它提供了更好的可见性。它也提供了访问控制的功能，以便只允许开发团队对他们自己应用的服务器进行管理和配置。类似的工具也可以用于 Chef 和 Puppet。

## 8.2.4　常见问题

当开发人员和运维团队成员的配置风格开始从手动转向使用工具（如 Ansible）的自动化时，经常会出现下面几个问题。

### 1．一系列 shell 脚本有什么问题

像 Ansible、Chef 和 Puppet 这样的配置工具最初看起来非常吓人。你需要选择一个工具，学习如何使用它、建立脚本库，以及搭建配置基础设施。你很容易认为这些事根本不必要，你编写几个简单的 shell 脚本就能做到同样的事情。毕竟，Ansible 只是实现了通过 SSH 登录到机器、复制文件、追加几行到配置文件中等操作。

对于简单的配置任务，这是一个完全合理的结论。但是一旦到达一定的复杂度，与 shell 脚本带来的价值相比，我发现基于 shell 脚本的自制解决方案会带来更多麻烦。

首先，你经常会以重新造许多轮子而告终。Ansible 以及与其类似的工具提供了大量的内置模块，可以用来执行共同的任务，如复制文件、创建用户账户、更改文件权限、安装包等。如果用自制的解决方案，你必须自己重新实现这些事情。更重要的是，所提供的 Ansible 模块竭尽全力地保证了其幂等性，如果你自己实现会非常棘手。你也会错过 Ansible 所有不错的模板支持。我曾看到有人试图只用 bash 实现他们自己的模板，但是这模板并不优美。

其次，shell 脚本比较难以复用。Ansible 的角色概念使它易于编写可复用和可定制的代码，但是 shell 脚本没有这样的支持。除非你的脚本写得非常好，否则任何大规模复用的尝试都会陷入混乱。

### 2．如何测试 Ansible 脚本呢

好吧，你问倒我了。我不测试我的 Ansible 脚本。我知道有人认真尝试去测试他们的基础设施自动化；由 Stephen Nelson-Smith（O'Reilly，2011）编写的《Test-Driven Infrastructure with Chef》是对这个概念不错的介绍。但是我从未发现它的价值，于我而言，测试的好处并不能证明在编写和运行测试上的时间投资是值得的。（测试包含运行 playbook，或许甚至包含搭建和销毁一个新的虚拟机，因此可能需要很长一段时间去运行）。

我倾向于依赖对角色和 playbook 的全面代码审查，而不是自动化测试。当然，在这些脚本进入 PROD 环境之前，在 TEST 环境中运行它们，就是检查它们不错的方式。

### 3．如何清理之前配置的东西呢

如果你的遗留软件已经在同样的服务器上运行多年，那么你可能注意到，随着时间的推移，

这些服务器会被老版本的 Java、Ruby 等污染。某个软件已经不再需要，但是没人愿意删除它，所以它会仍然保留在机器上，塞满硬盘。

即使你自动化你的配置，同样的问题还是会发生。例如，你有个任务，在 Debian 机器上安装 OpenJDK7 JRE，它可能如下所示：

```
- name: Install Java
  apt: name=openjdk-7-jre state=present
```

一天，你决定将机器的 Java 版本升级到 Java 8，于是你更新上述任务，用 `openjdk-8-jre` 取代了包名。运行 Ansible 之后，安装了 Java 8，但是 Java 7 也留在了机器上。

在我看来，这不是一个真正的问题。只要我需要的东西（如我的 Ansible 脚本中定义的）在机器上，我不在乎还有别的东西也在机器上。硬盘很便宜！

但如果这种放任自由的方法让你烦恼，你可以让 Ansible 清理任何不再需要的东西。例如，你可以编写一个任务来安装 Java 8，另一个任务来移除 Java 7：

```
- name: Install Java 8
  apt: name=openjdk-8-jre state=present
- name: Remove Java 7
  apt: name=openjdk-7-jre state=absent
```

如果是在配置虚拟机，那么还有一个选择，移除不可变的基础设施路由，由此你只需要给指定的机器配置一次。你可以把机器看作似乎是不可变的，这样，一旦机器被配置了，你就永远不会改变它。如果需要改变配置，那就舍弃这台机器，搭建一台新机器。在下一节讲述将基础设施迁移到云上的时候，我们还会再讨论这个问题。

#### 4. Windows 怎么办呢

Chef、Puppet、Ansible 以及 SaltStack 全部支持管理 Windows 机器，但是大多数配置解决方案的官方文档都建议使用 UNIX 服务器作为控制机器。正如上章所述，让 Vagrant 和 Ansible 在 Windows 上运行是可能的。

## 8.3 移到云上

既然已经给所有的环境搭建好了自动化配置，就可以调查你是否想把这些环境迁移到云端了。这并不适合每个人，但是至少你现在可以试试。

云基础设施给遗留软件提供了很多好处，这些我们稍后会提到，但它有一个令人遗憾的特点：机器本身不可靠并且不受你控制。某个运行应用程序的机器可能随时消失！（当然，这种情况很少发生，但也有发生的可能性，所以你还是需要留心并做好准备。）但是使用自动化配置的话，这根本就不是一个问题了。如果你丢失了一台机器，你只需要搭建另外一台机器，配置它，重新部署应用程序，然后就可以安心地走开了。

## 8.3.1　不可变基础设施

云上机器的易获取性和可处置性，与不可变基础设施这个概念密切相关。这个概念是永远不要多次配置一台机器。如果你想更改机器的配置，你就舍弃该机器，重新搭建一台新机器。

在传统的数据中心环境中，一台机器会运行数月甚至数年，应用程序的新版本每隔一段时间就会部署到该机器上。但如果是用不可变基础设施，你会采用完全不同的方法。当你想要部署应用程序时，你可以搭建一台全新的机器，配置它并将应用程序部署到它上面。下一次想部署时，重复上述过程：创建一台新机器，并简单地遗弃旧机器。对于遗留软件，部署不太可能频繁发生，但是对于当前的应用程序，这一过程可能一天发生几次。

当然，如果你是手动配置机器的话，这是完全不切实际的。但是，如果是用可以任由你支配的自动化配置的话，就可以在几分钟之内准备好一台新机器。（另外一个难题是应用程序的自动部署，我们将在下一章里讨论。）

回想一下，这种管理基础设施方式的好处之一是，它把部署视为一种受控失败。换句话说，你的部署过程，和机器突然失败时你将采取的行动，完全相同。当然，这两种情况都可以完全自动化。

当从在已经运行的机器上重新部署应用程序的过程，转移到不可变基础设施风格的部署过程（涉及搭建和配置新机器）时，你可能会注意到部署的时间明显更长。这有点儿倒退了，因为部署时间是一个应该设法最小化的关键指标。只要你对软件进行了更改，无论是一个关键的 bug 修复还是一个令人激动的新功能，你都想它被尽快构建、部署，好能提供给你的用户。

为了帮助减少部署时间的增加幅度，值得去研究一下像 Packer（https://packers.io/）这样的工具，它能帮你预先制作一个机器镜像。这种方式是预先（使用 Ansible 或其他工具）执行自动化配置，将结果保存为机器镜像。然后在部署时，你可以使用该镜像来启动一台新机器，这意味着你可以跳过配置这一步。你可以使用像 Docker 这样的容器架构来实现更快的部署，它的启动速度比虚拟机快得多。

## 8.3.2　DevOps

将你的遗留应用程序从数据中心搬到云上，意味着将不再需要使用物理服务器了。如果这些机器最近已经被更换或者升级，你可以将其重新应用于其他应用程序上。如果它们与在其上运行的遗留软件一样旧，你可以直接遗弃它们，减少运维团队的维护负担。

事实上，如果你把足够多的软件移到云端，你可能就不需要运维团队了。迁移到云端是一个很好的实践 DevOps 的机会，DevOps 是让开发软件的团队同时负责保持软件在生产环境中流畅运行的一种方法。在 Guardian，我们几乎在 AWS 上运行我们所有的软件，开发团队执行需要的运维任务，以保持应用程序平稳运行。这就意味着开发团队和运维团队之间的沟通成本（这在传统上是一个严重的瓶颈）将不复存在。完成逐步迁移到云上的工作之后，我们完全解散了我们的运维团队。

如果迁移到公有云上的想法过于激进，或者你最近在新硬件上投入了大笔资金，你或许可以考虑使用 OpenStack 这样的技术将数据中心的一部分转化为私有云。这样你就可以获得 DevOps 的一些好处，因为开发人员可以在没有运维团队参与的情况下部署和配置新机器，并且你也可以提高现有硬件的利用率。

## 8.4 小结

- TEST 环境与 PROD 环境之间，或者同一环境的不同机器之间的差异，是危险的 bug 来源。
- 配置的自动化为基础设施的更改带来了可控性和可追溯性，类似于版本控制系统对源代码的管理。
- 虽然在 DEV 环境中，我们想把所有的东西都放到一台虚拟机中，但是我们希望 TEST 环境尽可能和 PROD 环境一致。
- 对所有环境使用相同的 Ansible 脚本，使用变量和 inventory 文件对每个环境的配置进行编码。
- 创建一个可复用的 Ansible 角色的中央库。
- 像 Jenkins 这样的持续集成服务器是执行配置命令的好地方。
- 一旦你的基础设施自动化了，如果你愿意的话，这就是将基础设施迁移到云端的有利时机了。
- 迁移到云端，和不可变基础设施以及 DevOps，紧密相关。

# 第 9 章　对遗留软件的开发、构建以及部署过程进行现代化

## 本章主要内容
- 迁移遗留开发和构建工具链
- 用 Jenkins 对遗留软件进行持续集成
- 对生产环境部署进行自动化

在前两章，我们一起了解了配置——安装和配置遗留软件依赖的所有部分。现在我们将重点转移回软件本身，看看如何在更新工具链和工作流程上花费一些精力，以使遗留软件更容易维护。

## 9.1　开发、构建以及部署遗留软件的困难

既有软件的新开发工作量和发布频率，往往会随着时间的推移而减少。随着软件变旧，并步入遗留领域，需要做的工作也更少了。这可能是因为它已经是功能完整的了，只需要偶尔的 bug 修复，也可能是因为代码库已经遗留多年，因此很难在其上进行开发工作。

由于软件开发和发布不那么积极了，当你需要更新代码以及在罕见情况下发布的时候，这些操作就变得更加困难，更容易出错了。设置开发环境、测试软件、本地运行、打包成库文件或者可执行文件，以及部署到生产环境中，所有这些所需要的步骤可能会迷失在时间的迷雾中。这可能会导致尴尬的情况发生，如无法部署该软件，因为唯一知道如何部署的开发人员 Bob 正在度假。更糟的是，当 Bob 最终离职的时候，他所掌握的知识就完全流失了。下一次有人需要部署该软件的时候，他们必须得从头开始这一切。

### 9.1.1　缺乏自动化

情形恶化了，因为开发和部署遗留软件通常涉及很多的手动步骤，而这些手动步骤并没有很好地记录下来。

有时候开发人员会将重复的任务自动化，但是并不与其他人共享他们的解决方案。我曾开发了很多运行在 Apache Tomcat 上的 Java Web 应用。为了在开发阶段在本地运行应用程序，开发人员会使用 Ant 构建 WAR 文件，然后在一个 Tomcat 实例（安装在他们的开发机器上）中运行 WAR 文件。但是把生成的 WAR 文件部署到 Tomcat 这一重要步骤不是自动化的，所以我在想自己团队的开发人员是如何实施该步骤的。

原来每个开发人员部署的方式都略有不同，具有不同程度的自动化。一些人使用了特殊的插件来把 Tomcat 集成到他们的 IDE 里面，使得无论何时重新编译时都能自动部署。其他人编写了一些 shell 脚本或者命令来将生成的 WAR 文件复制到 Tomcat 的 `webapps` 目录下，或者向 Tomcat 的部署 API 发送一个 HTTP 请求。而少数人实际上则是手动复制这些文件，有时候一天几十次！

由于这个任务没有被适当地自动化，任何想在该软件上工作的新开发人员都必须找到他们自己的自动化方法。当时，如何将 WAR 文件部署到 Tomcat 是 Java 开发人员的常识，如果他们不知道的话，可以询问团队中的其他人，但是假设新的开发人员是几年之后到来，团队已经远离了 Tomcat 作为核心技术的时代。这些新开发人员将不得不花费时间和精力，在开发工作流程中重新找出，如何自动化一个简单而重要的步骤。

当然，与知识共享相关的很多问题可以用文档来解决。在 README 文件中描述任何手动步骤的注释都可能是非常有用的。但是文档的问题在于，它不能保证是最新的。事实上，存在一个更微妙的问题：开发人员对文档的态度倾向于半信半疑，因为他们不相信文档能被正确维护。即使你小心谨慎地维护 README 文件中的使用说明，任何阅读它的人仍会做最坏的打算。如果你在 Git 仓库中放一个名为 deploy-to-local-tomcat.sh 的脚本，并在你的 README 文件中索引它，大部分的开发人员可能更信任该脚本。（人们可以通过阅读脚本来了解其所做的事情，所以脚本也做了文档的工作。）

自动化也有助于避免一些因疲劳分心的人类未正确遵循使用说明而导致的错误。例如，我曾看到过一个应用程序，它的部署流程包含一个步骤，该步骤根据你想部署的是 TEST 环境还是 PROD 环境，在一个配置文件中对一行进行注释，同时对另一行取消注释。幸好到目前为止，没有人搞砸这一步，但是它的发生只是个时间问题。

**最近的一个例子**

在工作中，我最近接手了一个在 Google 应用引擎（Google App Engine，GAE）上运行的遗留 Python 应用程序。当我接手这个开发任务时，README 文件中关于如何部署该软件到 PROD 环境的部分只说："使用标准版本的 GAE 使用说明来上传应用程序。"结果这一过程涉及 6 个手动步骤，包括编辑配置文件以及使用 GAE 命令行工具来运行各种命令。发现这些步骤花费了不少时间和精力，我第一次生产环境的部署也是相当令人头疼。

接手应用程序以来，我总共将它部署到 PROD 环境 6 次。我已经记录了相关的手动步骤，但是不得不承认我还没有考虑到自动化这个过程。然而，我正快速地接近一个临界点——手动部署的单调乏味以及在其中一个步骤中出错的恐惧将超出编写自动化部署脚本所需的努力。

## 9.1.2  过时的工具

当我们开发人员在开发软件的时候，花费了很多时间和构建工具打交道。构建工具的生态在不断地进化，但是在任何指定的时间点，总有一套流行的主流工具。工具的选择通常取决于实现语言：对于 Ruby 选择 Rake、对于 C#选择 MSBuild、对于 Java 当前则是 Gradle 和 Maven 各占半壁江山，等等。

一个好的开发人员应该成为他们每天使用的工具的主人，利用他们最强大的功能来实现令人惊叹的事情。因此，最好在尽可能多的代码库（包括遗留代码库）中标准化团队的构建工具选择，以便开发人员能够真正了解他们的工具，并在所有的项目中应用这些技能。例如，如果 90%的 Java 项目都使用 Gradle，开发人员已经习惯了它，能高效地使用它，那么当他们开始处理使用 Ant 的遗留代码库时，上下文的切换代价可能会非常高。在所有软件中始终使用相同的构建工具，还可以简化诸如 Jenkins 配置这样的操作，允许通过构建工具插件复用代码。

当然，像 Ant 这样的旧工具本质上并没有什么不妥。它们都能够完成他们预期的工作并构建软件，而且它们刚被引入时可能是不错的选择。更换它们的主要原因是为了提高组织内所有代码库之间的一致性，以便开发人员能够轻松地从一个代码库移到另一个代码库。

总而言之，在本章中我们的目标有以下两个。

- 更新遗留软件的构建工具，使其与最新的软件保持一致。这将为想为项目贡献力量的开发者降低门槛，因为构建软件的步骤将类似于他们习惯的步骤。换句话说，我们希望打破人们的固有观念——遗留应用程序是没人想靠近的"二等公民"，并且要让为遗留软件贡献力量和为更现代化的代码库贡献力量一样容易。
- 从本地开发到发布和生产部署，增加工作流程中每一步的自动化。这意味着任何人都能执行这些任务，即便他们之前没有该软件的经验，同时这也减少了人为错误的风险。

## 9.2  更新工具链

我们一起来看看如何用更现代化的构建工具替换旧的构建工具。作为示例，我们将使用在前两章中你已经熟悉并爱上了的用户活动仪表盘应用。

用户活动仪表盘应用是一个 Java Web 应用程序，当前使用 Ant 作为它的构建工具。用户活动仪表盘应用程序的一个简单的 Ant 脚本（build.xml）可能与代码清单 9-1 类似。

**代码清单 9-1  Java Web 应用程序的一个简单的 Ant 构建文件**

```
<project name="uad" default="compile">

  <target name="clean">
    <delete dir="dest" />
    <delete file="uad.war" />
```

```
    </target>

    <target name="compile">
      <mkdir dir="dest" />
      <javac
        debug="true"
        srcdir="src"
        destdir="dest"
        includeantruntime="false"
        includes="**/*.java">
        <classpath>
          <fileset dir="lib" includes="**/*.jar" />
        </classpath>
      </javac>
    </target>

    <target name="package" depends="clean,compile">
      <war destfile="uad.war" webxml="web.xml">
        <classes dir="dest"/>
        <lib dir="lib" excludes="servlet-api*"/>
      </war>
    </target>

</project>
```

Ant 文件有几个目标：清理项目（移除任何非源代码文件），将 Java 源文件（存储在 src 文件夹下）编译成 class 文件，将这些 class 文件打包成 WAR 文件，为部署到应用服务器上做好准备。

假设组织正在使用 Gradle 作为其所有现代化 Java 应用程序的构建工具，因此我们想用 Gradle 替换 Ant。第一步，我们应该更新 Java Web 应用程序的目录结构来与现代约定保持一致，以便 Gradle 能够在约定的地方找到我们的文件。（或者我们可以保留旧的目录结构，并相应地配置 Gradle，但是更新项目使用标准结构，对新开发人员更加友好。）

- Java 源文件应该在 src/main/java 文件夹下。
- web.xml 文件应该在 src/main/webapp/WEB_INF 文件夹下。

一旦完成这个微调，给用户活动仪表盘 Web 应用程序编写 Gradle 构建文件就容易了。代码清单 9-2 展示了一个示例。

**代码清单 9-2 用户活动仪表盘 Web 应用程序的 Gralde 构建文件**

```
apply plugin: 'java'
apply plugin: 'war'

repositories {
  mavenCentral()
}

dependencies {
  providedCompile "javax.servlet:servlet-api:2.5"
}
```

看，容易吧！因为我们现在使用了一个更现代化的构建工具，我们仅仅通过遵循适当的目录结构约定，就免费获得了很多东西。我们不再需要像使用 Ant 配置时的那样，告诉 Gradle 如何清理、编译、打包我们的应用程序。我们只需要在命令行键入：

```
$ gradle build
```

它就给我们构建了一个 WAR 文件。

事实上，升级到更现代化的构建工具还有更多的好处。还记得我在本章前面部分讨论过的把 WAR 文件部署到本地 Tomcat 实例中的困难吗？好了，现在我们有一个简单的解决方案了。我们只需在构建文件的开头添加下面这一行，就能启用 Gradle 的 Jetty 插件了：

```
apply plugin: 'jetty'
```

这意味着我们只需要键入下面的命令，就可以启动一个内置的 Jetty Web 服务器，将 Web 应用程序部署到该服务器上了：

```
$ gradle jettyRun
```

要是确实必须在开发机器上使用Tomcat，还有一个适用于Gradle 的Tomcat插件（https://github.com/bmuschko/gradle-tomcat-plugin），但是它需要更多的配置行。

**Ant 的 Jetty 插件** 为了公平起见，我应该指出，也有一个适用于 Ant 的 Jetty 插件（www.eclipse.org/jetty/documentation/current/ant-and-jetty.html）。但是 Gradle 的插件搭建起来更容易。

我稍微过度简化了一些事情（例如，用户活动仪表盘应用程序有一个全是 JAR 文件的 lib 文件夹，它将会被转换成 Gradle 文件中的依赖），但是我认为你应该明白这些。相比于让项目更易于开发人员接近带来的好处而言，给一个项目替换构建工具所需要的工作量通常非常小，所以替换工作通常是值得做的。

当然，为了简洁，我在这个例子中使用的是一个简短的 Ant 脚本。一个真实的项目会有一个更长更复杂的构建脚本，因此迁移到现代化构建工具的过程并不容易。但是我仍然认为值得投入时间和精力这么做。事实上，遗留脚本越长越复杂，将其转换为更容易维护的东西就越有价值。

**开发人员请看**

给软件替换构建工具可能是一个相当具有破坏性的操作。开发人员每天都和构建工具打交道，因此他们需要适应新工具。

在开始之前，请确保受更改影响的每个人都参与进来了，并在完成之后，检查他们的一切是否都还好。如果开发人员对新的构建工具不满意，他们可能会继续使用旧的构建工具。这是你想要避免的情况，因为这意味着有两个构建脚本需要维护和保持同步。

你需要让开发人员相信新工具提供了足够的价值，而这种转换是值得的，你可能要为那些以前从未用过这个工具的人提供一些培训。

## 9.3 用 Jenkins 实现持续集成与自动化

如果你操作持续集成服务器（如 Jenkins），那么应该为你维护的每个单独代码库都至少配置以下几个作业：

- 会运行测试并在每次有人推送代码到版本控制系统时都构建生成一个包的一个标准的 CI 作业；
- 适当的时候，允许一键部署到 TEST 环境的作业。

一些项目可能搭建了额外的持续集成作业，例如，执行一些通宵运行的缓慢测试或者进行持续审查（如第 2 章所述），但是上述列表中的两个作业应该是人们能够依赖的最少内容。

很多遗留软件可能在引入持续集成服务器之前就进行开发了，所以可能缺少持续集成作业。就像一个过时的构建工具，缺少持续集成作业对遗留软件来说就是一个不足之处，它降低了开发人员对它的信任，并将其视为要避免的代码库而分离出来。

搭建持续集成作业来构建软件，并对每一个 Git 推送进行测试，这样应该相对简单，特别是，在你更新了软件的工具链，使其与你的所有其他项目保持一致的时候，所以这里我就不再赘述了。现在我们转过头来简单了解一下，如何使用持续集成服务器把软件部署到 TEST 环境吧。我将使用 Jenkins，但是其他任何持续集成服务器也可以使用相同的技术。

假设有一个遗留的 PHP 应用程序，我们想去自动化它的部署过程。TEST 环境的服务器上有一个全是.php 文件的目录，而且该服务器使用了 Apache 的 mod_php5 解释器。要部署软件的新版本，我们有几个选择。我们可以使用 Jenkins 将.php 文件打包到一个 tarball 或者 zip 文件中，将其复制到 TEST 环境的服务器，然后通过 SSH 登录并解压到相应的文件夹中。或者，如果我们将应用程序的 Git 仓库克隆到 TEST 环境的服务器上，那么 Jenkins 可以通过 SSH 登录到该服务器，并且只需要执行 git checkout 就能检出相应的版本。我们使用哪种部署策略并不重要。让我们用 git checkout 这种方式吧，只是因为它需要的代码稍微少一点。

我已经创建了一个新的 Jenkins 作业并开始配置它。如图 9-1 所示，我已经添加了一个构建参数，以便人们选择他们想部署的 Git 分支。

图 9-2 展示了作业配置过程中其他有趣的部分。我有一个构建步骤是，运行一个 shell 脚本执行部署过程，我们马上会实现它。同时我也使用了邮件扩展插件给所有的开发人员发送电子邮件，以便让每个人都随时了解部署的情况。（当然，如果对于你来说，电子邮件有点太 20 世纪了，你可以给 Slack、HipChat 或其他通信工具发送一条通知。）

剩下的所有工作就是去实现 Jenkin 作业的内容了：部署应用的 shell 脚本。假设应用程序的代码已经克隆到了 TEST 环境的服务器上，并且 Jenkins 也有 SSH 的权限，之后我们就可以这样写：

```
host=server-123.test.mycorp.com
cmd="cd /apps/my-php-app && git fetch && git checkout origin/$branch"

ssh jenkins@$host "$cmd"
```

正如所见，这里没有什么高深的学问，这只是一个很重要的自动化。既然我们现在有了Jenkins作业，每个人都会知道如何把我们的遗留应用程序部署到 TEST 环境，不仅仅是现在的每个人，之后的几年里，在我们已经转移到新应用程序之后，其他不得不开始维护这个应用程序的每个人，也都会知道。

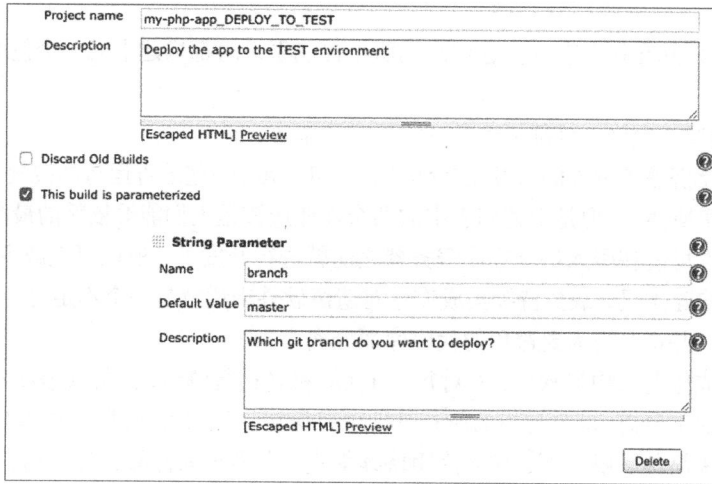

图 9-1　PHP 应用程序部署作业的一些 Jenkins 配置

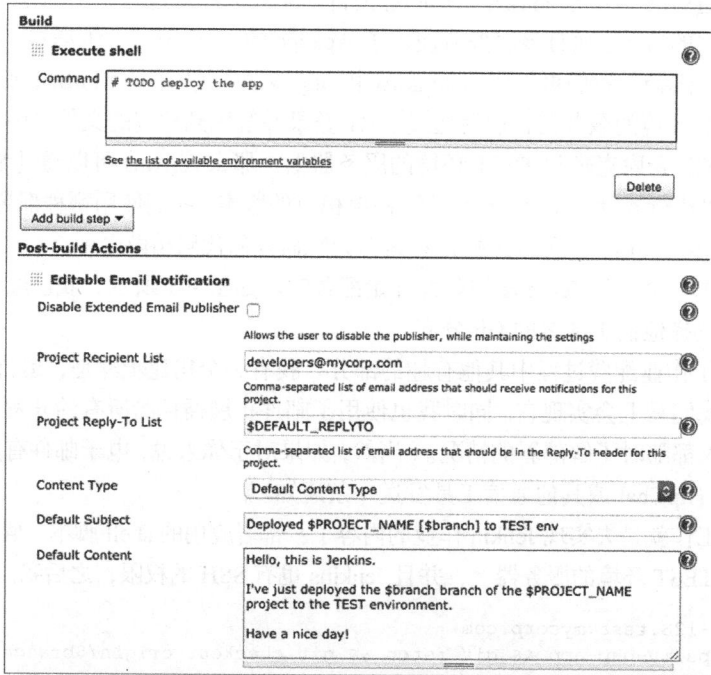

图 9-2　更多关于 PHP 应用程序部署作业的 Jenkins 配置

这也是为本章剩余部分准备的垫脚石。在 9.4 节中，我们将获得最后的胜利：使用 Jenkins 将我们的遗留应用程序一键部署到 PROD 环境。

## 9.4 自动发布和部署

接管一个遗留软件之后，最可怕的事情就是第一次发布（release）和第一次部署（deployment）。人们有时候会误用或者混淆这些术语，所以在继续后续内容之前，要确保我们的术语是明确的。

- 发布——发布是指构建一个或多个构件并用某种版本号标记它们。通常还会在版本控制系统中创建一个标签（tag），以标记用于创建发布的代码库快照。发布管理的第一条规则就是发布是不可更改的：一旦你已经发布了软件的指定版本，你就不能对其进行更改然后重新发布。如果你需要做任何修改，你必须发布一个新版本。发布通常包括一个公布步骤，通过这个步骤，能将发布的构件上传到一个可供人们下载和使用的地方。

- 部署——部署是指将发布的构件安装到机器上并运行它。根据软件的类型，此过程可能涉及从安装 Windows 桌面应用，到在一台 Web 服务器上解压 tarball 文件的任何操作，它可能由你或者你的用户执行。

**部署并不意味着发布** 在部署之前，需要先构建一个构件，但这并不一定意味着你需要制作一个发布。在我工作的 Guardian 公司，我们实践着持续部署很多 Web 应用程序。只要一个分支被合并到了主分支（master）上，我们的持续集成服务器就会构建一个构件。然后我们的部署服务器 RiffRaff（https://github.com/guardian/deploy）就会自动将该构件部署到生产环境。此过程并没有正式的"发布"步骤，而且我们并不使用任何版本号。

那为什么发布和部署接管的软件如此可怕呢？只是因为你此前从未做过，因此无法知道自己做的是否正确。如果这个步骤出错了，你可能会向全世界发布和发行一个完全损坏的构建产物，或者错误地部署了一个构建产物使最终用户不能使用该应用程序。

幸运的是，这两个步骤本身都适合自动化，这就意味着它们可以在从一代开发人员过渡到另一代开发人员的过程中存活下来。对于发布，如果你的持续集成服务器上已经有了用于构建构件和运行测试的作业，那么扩展该作业来执行发布任务，如创建 Git 标签，也就小事一桩了。

生产部署的自动化更有意思。我们在上一节讨论了将一个 PHP 应用程序部署到 TEST 环境，但是当我们将其部署到 PROD 环境时需要更加小心。我们必须采取额外的步骤来确保部署对网站的最终用户是完全不可见的。

在生产环境中，网站是运行在多台 Apache Web 服务器上的，其前端是一个负载均衡器，因此我们要做一个滚动部署，一次优雅地重启一台服务器。

每台服务器的部署策略如下。

（1）从负载均衡器中分离出该服务器，这样当我们在更新它时，它不会接收任何请求。

（2）停止 Apache。

（3）像我们在 TEST 环境中做的那样进行一次 Git 检出，但是这次我们会检出打了标签的代码而不是分支代码。

（4）启动 Apache。

（5）调用健康检查端点（healthcheck endpoint）以确保一切正常工作。

（6）将该服务器重新挂载到负载均衡器，然后转到下一台服务器进行部署。

---

**健康检查端点**

　　我们假设应用程序有一个健康检查端点。任何运行在生产环境的 Web 应用程序都应该有一个。它应该是一个仅返回 OK 的普通端点。使用此端点，监控工具就能告知我们，物理机器在工作，正确端口是打开的，Web 服务器在正常运行，等等。

　　你可能还想提供一个"准备好了"的端点来检查应用程序能否能有效地服务用户请求（确保它能访问它的数据库、它的缓存服务器、其他服务的 API，以及其他的外部依赖）。

---

我们可以在 Jenkins 上使用 shell 脚本来做所有的这些，但是它会变得相当不方便。相反，我将使用专为部署软件而设计的 Python 工具 Fabric（www.fabfile.org/）。Fabric 可以使得使用 SSH 在多台远程主机上运行命令很容易，这正是我们想做的事情。

Fabric 是使用 fabfile 配置的，这只是一个平常的 Python 脚本文件，它调用了 Fabric API 里的函数。一个代码示例胜过千言万语，所以让我们来看代码吧。代码清单 9-3 展示了我们的 fabfile 的框架。我们将在里面逐一填写任务。

**代码清单 9-3　用于部署 PHP 应用程序的初期 fabfile**

```
from fabric.api import *
env.hosts = [
    'ubuntu@ec2-54-247-42-167.eu-west-1.compute.amazonaws.com',
    'ubuntu@ec2-54-195-178-142.eu-west-1.compute.amazonaws.com',
    'ubuntu@ec2-54-246-60-34.eu-west-1.compute.amazonaws.com'
]

def detach_from_lb():
    puts("TODO detach from load balancer")

def attach_to_lb():
    puts("TODO attach to Load Balancer")

def stop_apache():
    puts("TODO stop Apache")

def start_apache():
    puts("TODO start Apache")

def git_checkout(tag):
    puts("TODO checkout tag")

def healthcheck():
    puts("TODO call the healthcheck endpoint")
```

← 这些是我们要部署的主机。如果你喜欢，可以把这些作为命令行参数传递进去

为部署过程的每一个步骤创建一个单独的 Python 函数，我们马上就会实现它们

```
def deploy_to_prod(tag):
    detach_from_lb()
    stop_apache()
    git_checkout(tag)
    start_apache()
    healthcheck()
    attach_to_lb()
```

这是脚本的入口点，它通过调用相应的 Python 函数依次运行每个部署步骤

从代码清单 9-3 中可以看出，我们为每个要执行的任务定义了一个 Python 函数。我们还定义了一个 deploy_to_prod 任务充当程序的入口点。该函数将 Git 标签名作为参数，我们可以从命令行传入该参数。

如果运行 Fabric，就可以看到它对每一台远程主机依次执行我们所有的任务。

```
$ fab deploy_to_prod:tag=v5
[ubuntu@ec2-54-247-42-167...] Executing task 'deploy_to_prod'
[ubuntu@ec2-54-247-42-167...] TODO detach from load balancer
[ubuntu@ec2-54-247-42-167...] TODO stop Apache
[ubuntu@ec2-54-247-42-167...] TODO checkout tag
[ubuntu@ec2-54-247-42-167...] TODO start Apache
[ubuntu@ec2-54-247-42-167...] TODO call the healthcheck endpoint
[ubuntu@ec2-54-247-42-167...] TODO attach to Load Balancer
[ubuntu@ec2-54-195-178-142...] Executing task 'deploy_to_prod'
[ubuntu@ec2-54-195-178-142...] TODO detach from load balancer
[ubuntu@ec2-54-195-178-142...] TODO stop Apache
[ubuntu@ec2-54-195-178-142...] TODO checkout tag
[ubuntu@ec2-54-195-178-142...] TODO start Apache
[ubuntu@ec2-54-195-178-142...] TODO call the healthcheck endpoint
[ubuntu@ec2-54-195-178-142...] TODO attach to Load Balancer
[ubuntu@ec2-54-246-60-34...] Executing task 'deploy_to_prod'
[ubuntu@ec2-54-246-60-34...] TODO detach from load balancer
[ubuntu@ec2-54-246-60-34...] TODO stop Apache
[ubuntu@ec2-54-246-60-34...] TODO checkout tag
[ubuntu@ec2-54-246-60-34...] TODO start Apache
[ubuntu@ec2-54-246-60-34...] TODO call the healthcheck endpoint
[ubuntu@ec2-54-246-60-34...] TODO attach to Load Balancer
Done.
```

现在我们需要过一遍这个 fabfile 文件，实现其中的函数。让我们从一些非常简单的任务开始，先来实现停止 Apache Web 服务器：

```
def stop_apache():
    sudo("service httpd stop")

def start_apache():
    sudo("service httpd start")
```

**Fabri 操作**　run 和 sudo 函数在远程机器上执行命令，而 local 函数则在本地主机上执行命令。这些操作以及其他操作的详细描述都可以在 Fabric 的文档网站（http://docs.fabfile.org/en/latest/api/core/operations.html）找到。

检出指定 Git 标签的命令也很简单:

```
def git_checkout(tag):
    with cd('/var/www/htdocs/my-php-app'):
        run('git fetch --tags')
        run("git checkout %s" % tag)
```

现在我们将实现调用 PHP 应用程序健康检查端点以及检查结果的代码。它会重复调用健康检查直到应用程序返回 OK,并会在 10 次尝试之后放弃。下面这段代码比之前的任务更有趣一点,因为它展示了如何编写依赖于远程命令的输出的逻辑:

```
def healthcheck():
    attempts = 10
    while "OK" not in run('curl localhost/my-php-app/healthcheck.php'):
        attempts -= 1
        if attempts == 0:
            abort("Healthcheck failed for 10 seconds")
        time.sleep(1)
```

最后,我们需要编写从负载均衡器中分离服务器并在之后将其重新挂载的 Fabric 代码。对我而言,我使用的是 Amazon EC2 实例和弹性负载均衡(elastic load balancer ,ELB),所以我将使用 AWS 的命令行工具来挂载和分离服务器实例,如代码清单 9-4 所示。如果你是在自己的数据中心使用负载均衡器,那么它可能提供了一个可以在脚本中调用的 HTTP API。不要太在意这个清单的细节,因为它是 AWS 特有的。如何挂载和分离服务器实例将取决于具体的负载均衡器。

**代码清单 9-4　从 Amazon ELB 上挂载和分离实例的 Fabric 任务**

```
elb_name = 'elb'
instance_ids = {
    'ec2-54-247-42-167.eu-west-1.compute.amazonaws.com': 'i-d1f52a7c',
    'ec2-54-195-178-142.eu-west-1.compute.amazonaws.com': 'i-d8ee3175',
    'ec2-54-246-60-34.eu-west-1.compute.amazonaws.com': 'i-dbee3176'
}
                                           ◁──── 从负载均衡器中移除实例,然后等待几
                                                 秒,以便该服务器完成正在处理的连接
def detach_from_lb():
    local("aws elb deregister-instances-from-load-balancer \
            --load-balancer-name %s \
            --instances %s" % (elb_name, instance_ids[env.host]))

    puts("Waiting for connection draining to complete")
    time.sleep(10)
                                           ◁──── 将实例添加到负载均衡中,然后等待,
                                                 直至负载均衡器报告了 3 个健康的实例
def attach_to_lb():
    local("aws elb register-instances-with-load-balancer \
            --load-balancer-name %s \
            --instances %s" % (elb_name, instance_ids[env.host]))

    while "3" not in local(
            "aws elb describe-load-balancers --load-balancer-names elb \
```

```
        | jq '.LoadBalancerDescriptions[0].Instances | length'",
        capture=True):
    puts("Waiting for 3 instances")
    time.sleep(1)

while "OutOfService" in local(
        "aws elb describe-instance-health --load-balancer-name elb"
        capture=True):
    puts("Waiting for all instances to be healthy")
    time.sleep(1)
```

← 使用 jq 从 aws 命令的 JSON
输出中提取和计数某些字段

**使用 jq** 对于在命令行处理 JSON 来讲，jq 是一个极其有用的工具。如果你经常和 JSON 打交道，那我强烈建议你安装它，并学习使用它。

这样，我们的 Fabric 脚本就完成了。在 3 台 EC2 服务器上运行这个脚本的输出示例如代码清单 9-5 所示。（注意，一些输出已经缩写，并且已经添加了一些换行符用于格式化。）

**代码清单 9-5 在 3 台 EC2 机器上运行 Fabric 脚本的输出示例**

```
[ubuntu@ec2-176-34-78-4...] Executing task 'deploy_to_prod'
[localhost] local: aws elb deregister-instances-from-load-balancer \
    --load-balancer-name elb --instances i-158ed9b8
{
    "Instances": [
        {
            "InstanceId": "i-168ed9bb"
        },
        {
            "InstanceId": "i-178ed9ba"
        }
    ]
}
[ubuntu@ec2-176-34-78-4...] Waiting for connection draining to complete
[ubuntu@ec2-176-34-78-4...] sudo: /opt/bitnami/ctlscript.sh stop apache
[ubuntu@ec2-176-34-78-4...] out: /.../scripts/ctl.sh : httpd stopped
[ubuntu@ec2-176-34-78-4...] out:

[ubuntu@ec2-176-34-78-4...] run: git fetch --tags
[ubuntu@ec2-176-34-78-4...] run: git checkout v5
[ubuntu@ec2-176-34-78-4...] out: ...
[ubuntu@ec2-176-34-78-4...] out: HEAD is now at 6a968c1... Version 5
[ubuntu@ec2-176-34-78-4...] out:

[ubuntu@ec2-176-34-78-4...] sudo: /opt/bitnami/ctlscript.sh start apache
[ubuntu@ec2-176-34-78-4...] out: /.../ctl.sh : httpd started at port 80
[ubuntu@ec2-176-34-78-4...] out:

[ubuntu@ec2-176-34-78-4...] run: \
    curl http://localhost/my-php-app/healthcheck.php
[ubuntu@ec2-176-34-78-4...] out: OK
[ubuntu@ec2-176-34-78-4...] out:

[localhost] local: aws elb register-instances-with-load-balancer
    --load-balancer-name elb --instances i-158ed9b8
{
    "Instances": [
```

```
        {
            "InstanceId": "i-168ed9bb"
        },
        {
            "InstanceId": "i-158ed9b8"
        },
        {
            "InstanceId": "i-178ed9ba"
        }
    ]
}
[localhost] local: aws elb describe-load-balancers \
    --load-balancer-names elb | \
    jq '.LoadBalancerDescriptions[0].Instances | length'
[localhost] local: aws elb describe-instance-health --load-balancer-name elb
[ubuntu@ec2-176-34-78-4...] Waiting for all instances to be healthy
[localhost] local: aws elb describe-instance-health --load-balancer-name elb
[ubuntu@ec2-195-18-54...] Executing task 'deploy_to_prod'
[localhost] local: aws elb deregister-instances-from-load-balancer \
    --load-balancer-name elb --instances i-178ed9ba
{
    "Instances": [
        {
            "InstanceId": "i-168ed9bb"
        },
        {
            "InstanceId": "i-158ed9b8"
        }
    ]
}
[ubuntu@ec2-54-195-18-54...] Waiting for connection draining to complete
[ubuntu@ec2-54-195-18-54...] sudo: /opt/bitnami/ctlscript.sh stop apache
[ubuntu@ec2-54-195-18-54...] out: /.../scripts/ctl.sh : httpd stopped
[ubuntu@ec2-54-195-18-54...] out:

[ubuntu@ec2-54-195-18-54...] run: git fetch --tags
[ubuntu@ec2-54-195-18-54...] run: git checkout v5
[ubuntu@ec2-54-195-18-54...] out: ...
[ubuntu@ec2-54-195-18-54...] out: HEAD is now at 6a968c1... Version 5
[ubuntu@ec2-54-195-18-54...] out:

[ubuntu@ec2-54-195-18-54...] sudo: /opt/bitnami/ctlscript.sh start apache
[ubuntu@ec2-54-195-18-54...] out: /.../ctl.sh : httpd started at port 80
[ubuntu@ec2-54-195-18-54...] out:

[ubuntu@ec2-54-195-18-54...] run: \
    curl http://localhost/my-php-app/healthcheck.php
[ubuntu@ec2-54-195-18-54...] out: OK
[ubuntu@ec2-54-195-18-54...] out:

[localhost] local: aws elb register-instances-with-load-balancer \
    --load-balancer-name elb --instances i-178ed9ba
{
    "Instances": [
        {
            "InstanceId": "i-168ed9bb"
        },
        {
            "InstanceId": "i-158ed9b8"
```

```
        },
        {
            "InstanceId": "i-178ed9ba"
        }
    ]
}
[localhost] local: aws elb describe-load-balancers \
    --load-balancer-names elb | \
    jq '.LoadBalancerDescriptions[0].Instances | length'
[localhost] local: aws elb describe-instance-health --load-balancer-name elb
[ubuntu@ec2-54-195-18-54...] Waiting for all instances to be healthy
[localhost] local: aws elb describe-instance-health --load-balancer-name elb
[ubuntu@ec2-54-195-12-215...] Executing task 'deploy_to_prod'
[localhost] local: aws elb deregister-instances-from-load-balancer \
    --load-balancer-name elb --instances i-168ed9bb
{
    "Instances": [
        {
            "InstanceId": "i-158ed9b8"
        },
        {
            "InstanceId": "i-178ed9ba"
        }
    ]
}
[ubuntu@ec2-54-195-12-215...] Waiting for connection draining to complete
[ubuntu@ec2-54-195-12-215...] sudo: /opt/bitnami/ctlscript.sh stop apache
[ubuntu@ec2-54-195-12-215...] out: /.../scripts/ctl.sh : httpd stopped
[ubuntu@ec2-54-195-12-215...] out:

[ubuntu@ec2-54-195-12-215...] run: git fetch --tags
[ubuntu@ec2-54-195-12-215...] run: git checkout v5
[ubuntu@ec2-54-195-12-215...] out: ...
[ubuntu@ec2-54-195-12-215...] out: HEAD is now at 6a968c1... Version 5
[ubuntu@ec2-54-195-12-215...] out:

[ubuntu@ec2-54-195-12-215...] sudo: /opt/bitnami/ctlscript.sh start apache
[ubuntu@ec2-54-195-12-215...] out: /.../ctl.sh : httpd started at port 80
[ubuntu@ec2-54-195-12-215...] out:

[ubuntu@ec2-54-195-12-215...] run: \
    curl http://localhost/my-php-app/healthcheck.php
[ubuntu@ec2-54-195-12-215...] out: OK
[ubuntu@ec2-54-195-12-215...] out:

[localhost] local: aws elb register-instances-with-load-balancer \
    --load-balancer-name elb --instances i-168ed9bb
{
    "Instances": [
        {
            "InstanceId": "i-168ed9bb"
        },
        {
            "InstanceId": "i-158ed9b8"
        },
        {
            "InstanceId": "i-178ed9ba"
        }
    ]
```

```
}
[localhost] local: aws elb describe-load-balancers \
    --load-balancer-names elb | \
    jq '.LoadBalancerDescriptions[0].Instances | length'
[localhost] local: aws elb describe-instance-health --load-balancer-name elb
[ubuntu@ec2-54-195-12-215...] Waiting for all instances to be healthy
[localhost] local: aws elb describe-instance-health --load-balancer-name elb
[ubuntu@ec2-54-195-12-215...] Waiting for all instances to be healthy
[localhost] local: aws elb describe-instance-health --load-balancer-name elb

Done.
Disconnecting from ec2-176-34-78-4...... done.
Disconnecting from ec2-54-195-18-54...... done.
Disconnecting from ec2-54-195-12-215...... done.
```

剩下的工作就是将它封装在运行 Fabric 的 Jenkins 作业里面，并传入相应的 Git 标签名。这可以使用参数化构建执行以下操作来完成：

- 获取一个叫作 tag 的参数（与图 9-1 中配置分支名的方式相同）；
- 检出含有 Fabric 脚本的代码库；
- 运行 Fabric，传入参数中指定的 tag，如 fab deploy_to_prod:tag=$tag。

这些完成之后，我们就到达了理想的彼岸！任何开发人员或者运维团队成员现在可以将遗留应用程序一键部署到生产环境了。此外，我们已经使用自动化让部署过程永不过时。无论将来谁加入或者离开团队，该应用程序都仍将是可部署的。当然，真实应用程序的部署过程可能比此示例更复杂，会涉及数据库的迁移等，但是原理仍然是一样的。一般来说，几乎任何部署过程都可以自动化。

另一方面，值得谨记的是，基础设施代码（如上述 Fabric 脚本）也是代码，因此也是潜在的遗留代码。如果一年内都没有人部署 PHP 应用程序，那么 Fabric 极有可能因为某种原因而不起作用。阻止这种代码腐烂发生的最好方式是定期运行这些代码。你可以在 Jenkins 上创建一个定期作业，使其每周部署一次 PHP 应用程序，即使程序代码没有任何更改。

完整的 Fabric 脚本请参考 GitHub 代码仓库：https://github.com/cb372/ReengLegacySoft/blob/master/09/php-app-fabfile/fabfile.py。

# 9.5   小结

- 一些小更改（如替换过时的构建工具）能够移除障碍，并激励新开发人员为遗留代码库做出贡献。
- 手动部署过程的知识很容易随时间推移而丢失。自动化过程降低了一个应用程序将来不可部署的风险。
- 持续集成服务器（如 Jenkins）可以用于部署应用程序。
- 诸如 Fabric 之类的工具可以用于自动化复杂的部署任务。相应的脚本也可以充当文档，展示过程中的各个步骤。

# 第10章 停止编写遗留代码

**本章主要内容**
- 将所学的技术应用到新代码和遗留代码上
- 编写可遗弃的代码

现在，你应该已经很了解如何开始处理你接管的被忽视的遗留代码并使其恢复活力了。我们研究了重写、重构、持续审查、工具链更新以及自动化等技术。不过，你可能至少也花费了一些时间编写新代码。你可能想知道，所有这些代码是注定会变成遗留代码，还是有什么可以阻止你现在编写的代码在几年后变成别人的噩梦。

在前面9章中，已经涵盖了大量的内容，但其中有一些重要的主题却是不断出现在本书中，要么明确提及要么隐含假设。到目前为止，我们一直在以遗留代码为背景讨论这些想法，但是很多想法同样也适用于待开发的项目。最后这一章将回顾一下这些主题：

- 源代码并不是项目的全部；
- 信息不能是自由的；
- 工作是永远做不完的；
- 自动化一切；
- 小型为佳。

让我们依次回顾一下上述主题吧。

## 10.1 源代码并不是项目的全部

从程序员的角度来看，源代码通常是一个软件项目中最重要的部分，因此你可能惊讶甚至失望地发现，本书直接处理代码的部分不到一半。

原因是双重的。第一，你对遗留代码所做的许多工作将是重构，但已经有很多很好的关于重构的书了，我并没有太多新的观点。我也相信重构是一门无法从书中学到的艺术：你需要自己尝试，积累经验，找到重构的感觉。更好地进行重构的最好的方法就是和有经验的开发人员结对编程并向他们学习。

　　第二，也是更重要的，我想通过本书强调源代码并不是项目的全部。一个成功的软件项目有很多因素，高质量的源代码只是其中之一。

　　最重要的事情，也就是我们所说的比代码更重要的事情，是构建为用户提供价值的软件。如果构建了错误的东西，没人会关心代码的样子。如何确保软件提供了价值不在本书的讨论范围，所以我们假设现在我们有一个优秀的产品经理会帮我们操心这件事情。

　　除此以外，还有很多其他因素影响软件项目的成功。（我还没有定义成功的概念，但它通常包括开发速度、最终产品的质量以及随着时间的推移维护代码的容易程度。）我们已经了解很多这些类型的因素，其中一些是技术上的，另外一些是组织上的。

　　技术因素包括选择和维护良好的开发工具链、自动化配置、使用 Jenkins 等工具执行持续集成和持续审查，以及尽可能简化发布和部署过程。组织因素包括具有良好的文档、最大化开发团队内部以及开发团队之间的交流、使团队外部的人员能够轻松地为软件做出贡献，以及在整个组织中培养软件质量文化，以便开发人员能够在维护软件质量上自由地花费时间，而不用面临来自其他业务部门的压力。

　　和遗留项目一样，这些问题也与新项目相关。事实上，如果在项目早期就构建这些东西，它会比在遗留代码库进行改造要容易得多。

## 10.2　信息不能是自由的

　　当然，本节讽刺性的标题演绎自 Stewart Brand 的著名宣言"信息渴望自由"。更准确地说，（关于一个软件的）信息可能是自由的，但是这样开发人员就不会花太多精力在上面。

　　如果问任何一个开发人员，是否应该与同事分享他们正在工作的软件的知识，他们当然会给出肯定的回答。但是，等到实际分享信息时，大部分开发人员都做得非常不好。他们不喜欢编写和维护文档，而且很少通过其他方式与同事分享信息，除非有人提示他们要这么做。

　　除非我们积极地促进开发人员之间的沟通并营造一个信息自由流动的环境，否则我们最终会让某些开发人员成为知识的孤岛。当这些开发人员离开团队的时候，团队会丢失大量有价值的信息。

　　那我们能做什么来阻止这种事情发生呢？

### 10.2.1　文档

　　技术文档是一种极好的方式，它可以将开发人员的信息，既传递给当时的同事，又传递给未来的维护人员。但只有满足如下特点时，文档才是有价值的：

- 信息丰富（也就是说，它不仅仅说明了代码在做什么，还告诉你它是如何做的，以及为什么这么做）；
- 易编写；
- 易发现；

- 易阅读；
- 可信赖。

如前所述，保持文档简洁，并把它存放在尽可能靠近源代码的地方（具体来说，如果没嵌在源代码中，那就放在同一个 Git 仓库内），将有助于实现上述所有特性。把它放在 Git 仓库内能使它易于编写和更新，因为开发人员可以在对代码进行任何修改的同时提交它。这比在网络共享上查找和更新 Word 文档要容易得多。它也使得其他开发人员评审文档变得容易，就像他们评审源代码的更改一样，这有助于保持文档的可信性。

对于阅读者来说，如果文档和源代码在同一个的地方，那么文档就很容易被发现；如果文档非常简洁，那么它们就易于阅读。

应该定期评审自己的文档，并删除所有过时的文档。如果开发人员没有很好地维护它，那就意味着它可能不是一个有用的文档。最好是删除这个负担而不是试图挽救它，因为它只会在未来再次被忽视。我称这种现象是达尔文文档理论——适者生存！

## 10.2.2　促进沟通

另外一个难题，也就是鼓励开发人员通过文档以外的其他方式共享信息，更具有挑战性。有很多东西你可以尝试，但是每个团队都是独一无二的。你需要通过不断尝试来找到适合你和团队的工具。下面几个想法仅供参考。

- 代码评审——在如今这个时代，这是一件明摆着的事情：所有的代码更改都应该被至少一个其他开发人员评审。你不仅可以检查代码中的任何错误，讨论代码风格问题，你还可以更多地了解其他开发人员的工作。花点时间找到一个适合团队的代码评审系统（可能是围在某一个人的 IDE 周围或者使用像 GitHub 这样的在线服务）是值得的。
- 结对编程——这在开发人员之间是颇具争议的。一些人喜欢这种方式，还有一些人真的不喜欢[①]。我建议先尝试几个星期（足够长的时间，来让开发人员克服最初的不习惯），然后让人们决定是否想继续并且如何继续。理想的情况是开发人员无需被要求就开始结对编程。
- 技术访谈——我之前工作的几家公司在每周五下午都有技术访谈。它们通常是我的一周中最精彩的部分。它们给演示者一个机会来展示他们的技术或者他们已构建的东西，每个人都可以了解其他人在忙什么。当然，把技术访谈放在每周五下午，意味着在这之后开发人员会一起出去喝啤酒，这当然不是一件坏事。
- 向其他团队展示你的项目——设置半常规会议，让每个开发团队在会上介绍他们其中一个产品（不管是不是遗留项目）的技术概述是很有价值的。人们会惊讶地发现，开发人

---

[①] 对于喜欢它的例子，请参阅 SAPM Course Blog 中的"Why Pair Programming Is The Best Development Practice?"（https://blog.inf.ed.ac.uk/sapm/2014/02/17/why-pair-programming/）。对于不太喜欢它的例子，请参阅 Will Sargent 的"Where Pair Programming Fails for Me"（https://tersesystems.com/2010/12/29/where-pair-programming-fails-for-me/）。

员很少知道其他团队在做什么。一旦他们知道了，他们通常会寻找一些方法来分享知识或者减少团队之间的重复工作。

■ 黑客日——这是一个最好在办公室以外举办的活动，它可以让开发人员与来自不同团队的人合作，使用新技术，构建很炫酷的东西。我曾写过一篇有关我自己参加的黑客日的博客文章 "Hack day report: Using Amazon Machine Learning to predict trolling"（https://www.theguardian.com/info/developer-blog/2015/jul/17/hack-day-report-usingamazon-machine-learning-to-predict-trolling），它将会给你一些期望的提示。

## 10.3　工作是做不完的

维护代码库质量是一个永无止境的任务。需要不断保持警惕并在质量问题一出现时就解决它们，否则它们会很快堆积并失控，不知不觉间，就会有大量不可维护的重复代码。就像老话说的"小洞不补，大洞吃苦"，越早修复技术债务，就越容易修复。

独自做这项工作是很难的，所以还需要在团队中鼓励大家形成一种共同承担代码质量责任的文化。

### 10.3.1　定期进行代码评审

作为标准日常开发过程的一部分，每次代码的更改都应该被评审。但是，如果只是在单个更改的层面上进行评审，很容易错过软件设计的总体问题、对代码库结构的大规模改进或者部分代码中没人经常接触的问题。

因此，我认为对整个代码库进行定期评审很有用。一些简单的规则可以使这个过程平稳进行。

■ 让每个人花一个小时左右的时间提前浏览一下代码并做一些笔记。这意味着人们可以在评审的时候讨论问题，而不是只看代码，一言不发。

■ 让一个熟悉代码的人引导评审。他们可以花几分钟时间介绍代码库，然后询问周围人的意见。

■ 评审应该需要一个小时左右。如果覆盖不到整个代码库，那么可以在几周时间里多开几次会。

■ 写出评审结果的清单，并将其划分为具体的行动和非具体的想法或者要调查的事项。给团队共享文档，并让他们在完成任何行动之后更新文档。几周之后检查进展情况。

GitHub 上有一个我最近进行代码评审之后的文档示例（http://mng.bz/gX84）。

### 10.3.2　修复一扇窗户

在《程序员修炼之道》（The Pragmatic Programmer）（Addison-Wesley Professional，1999）一书中，Hunt 和 Thomas 使用犯罪学中著名的破窗效应作为软件熵的隐喻。它阐述了如果一个空的内城建筑状况良好，人们可能不会在意。但是一旦它失修，到处都是破碎的窗户之后，人们对建筑的态度就会改变。破坏者开始破坏更多的窗户，混乱就会迅速增多。

同理，对软件来说，你需要保持你代码库的优势，保持它的干净整洁。如果留下太多取巧的方案和未修复的痛点，代码的质量将会迅速恶化。开发人员将会失去对代码的尊重并开始变得草率。

但是这个想法可以有两方面。就像看到一扇破碎的窗户可以驱使人们破坏更多窗户一样，看到有人修复一扇破碎的窗户会激发人们伸出援手。对于开发人员来说，看到有人在努力清理代码库的技术债务，可以提醒他们：维护代码质量和避免代码陷入混乱是每个人的责任。

尝试将每两周修复一个代码库中的"破碎的窗户"作为你的个人目标，并确保其他开发人员能看到这些努力。代码评审是传播这一理念的好工具。

# 10.4　自动化一切

在整本书中，我谈到了各种各样的自动化，包括使用自动化测试、自动化构建、部署以及其他 Jenkins 的任务，还有使用 Ansible 和 Vagrant 这样的工具自动化配置。这些仅仅是示例，你的情况可能需要一组不同的工具和技术，但关键的一点是，你应该始终留心观察可以进一步自动化的那部分开发工作流程。你不需要立刻自动化所有的东西，但是每次将一些以前需要依赖于人工的事情（如键入正确的指令序列、单击按钮或者将一些专业知识放到他们的头脑中）自动化时，就朝正确的方向迈进了一步。

自动化手动任务有用的两个原因如下。

- 它使你的生活更加轻松——这不仅意味着你不用再浪费时间反复执行同样的任务，也意味着你需要编写和维护较少的文档，不再需要人们来到你的桌前，让你解释如何去做。当然，它减少了你犯错误并不得不自己处理错误的风险。
- 它使你的接班人的生活更加轻松——自动化能更轻松地将一个软件从一代开发人员传递到下一代，而不丢失任何信息。

## 编写自动化测试

理所当然，任何现代软件都应该有一些自动化测试，但是值得指出的是，在避免新代码遗留化（legacifation，假设这是一个真实存在的词）的情况下，测试特别有用。

首先，一套高级测试（功能测试/集成测试/验收测试而不是单元测试）能够充当活的软件规范文档。规范文档通常在项目开始阶段编写，并很少随着软件的发展而保持更新，但是自动化测试更可能与软件行为保持一致。当然，原因是如果你更改了代码的行为，但是没有更新测试来匹配行为，那么测试将会失败，你的持续集成服务器将会"抗议"。

这意味着，当新开发人员几年后接手软件时，他们可以通过浏览测试套件快速掌握软件的行为。他们也可以知道哪些行为是规定的（意思是有一个测试断言软件以这种方式行事），哪些不是。

其次，使用自动化测试的代码更容易维护，因此不太可能腐烂。测试套件可以给开发人员重构代码的信心，保持代码的形状，远离熵。

単元测试

在分享既有代码行为的信息方面，我发现功能测试和那些测试层次更高的测试比单元测试更有用。单元测试太细致了，不能帮助理解整个代码库。

单元测试在写新代码时很有用，因为它能让你在非常快的反馈周期内对许多不同的输入模式运行这段代码。

一旦你编写的新代码单元能够正常运行了，单元测试就达到主要目的了。此后，如果你发现单元测试阻碍开发了，那么只要你有更高层次的测试能避免回归问题，就可以删除单元测试。例如，如果你不得不为重构一段代码，而修复或者重写几十个测试，这就可能表明了你的单元测试相对它们带来的麻烦来说是不值得的。

## 10.5　小型为佳

代码库越大，工作起来就越困难。开发人员需要理解大量的代码，活动的部分越多，就越难理解一个部分的更改会如何影响其他部分。这使得重构代码更加困难，这意味着代码的质量会随着时间的推移而降低。

大型的代码库也很难重写。巨大的心理障碍会阻止我们一次性丢弃大量的代码，不管代码有多可怕。而且，正如我们在第 6 章中讨论过的，重写大型应用程序风险很大。一开始，很难估算它需要多长时间。

保持代码库轻盈灵活，并避免它成为一个人几年后全部大规模重写的关键很简单：保持小型。软件应该设计成可遗弃的：让它小到能被丢弃，并能在几周或者几天甚至几个小时之内被重写。这意味着，如果后续开发者不喜欢他们接手的代码，他们可以直接丢弃它，重新写一个，不会有什么风险。当然，对于开发人员来说，知道他们精心设计的代码将在几年之后被淘汰，会有点儿沮丧，但是这比保持老化代码永远"活着"（只是因为老年代码太大太重要，无法"死亡"）更明智。

澄清一下，我并不是说，你应该生产一些含有最少功能的微型软件，或者因为你害怕让代码膨胀而反对添加一个有用的功能。关键是在设计软件的时候，模块化（用一些小型的解耦组件构建一个大型软件）应该是你的首要任务。因为在组件层代码是可遗弃的，所以软件作为一个整体将享有健壮性，从而可以长寿。

编写可遗弃代码的想法和当今流行的微服务密切相关，但是这并不意味着你需要把你的代码分成几个独立的微服务。为了实现同样的目标，你可以用许多微型的独立可替换的组件来构建单体应用程序。

关于构建可遗弃软件的话题，Chad Fowler 说了很多有趣的事情。我尤其推荐他 2014 年在 Scala Days 大会上发表的演讲（http://www.parleys.com/tutorial/legacy）。其中它用汽车做了一个很好的比喻：福特 T 型车（Ford Model T）在制造了几十年之后的今天仍然能开的原因是，它由成百上千的组件构成。每一个组件都有不同的生命周期，失效时能独立于其他的组件，从而能被单独替换。如果你用类似的方式构建自己的软件，那么你就能替换每一个到达其使用寿命的组件，但系统作为一个整体能够永久存活。给你足够的时间，最终你可能至少替换所有的组件一次，此时你可能会对忒修斯悖论（Theseus' paradox）感到好奇，但是我把这个问题留给你自己思考。

**忒修斯悖论**　忒修斯之船的悖论最初由古希腊历史学家普鲁塔克记录。他记载了忒修斯在击败弥诺陶洛斯之后，从克里特岛航行回家的船是如何传诸后世的。每有腐烂的木板，工匠就将其替换，就这样使这艘船保存了好几个世纪。普鲁塔克质疑如果船上的每块木板都被替换了，会发生什么。它还是同一艘船吗？船是否具有超越它的各个组成部分的同一性？

## 示例：Guardian Content API

为 Guardian 网站和移动应用程序提供支持的后端称为 Content API。这是一个很好的用可遗弃的组件（在这里是微服务）构建系统的例子。这一架构的高层次视图如图 10-1 所示。

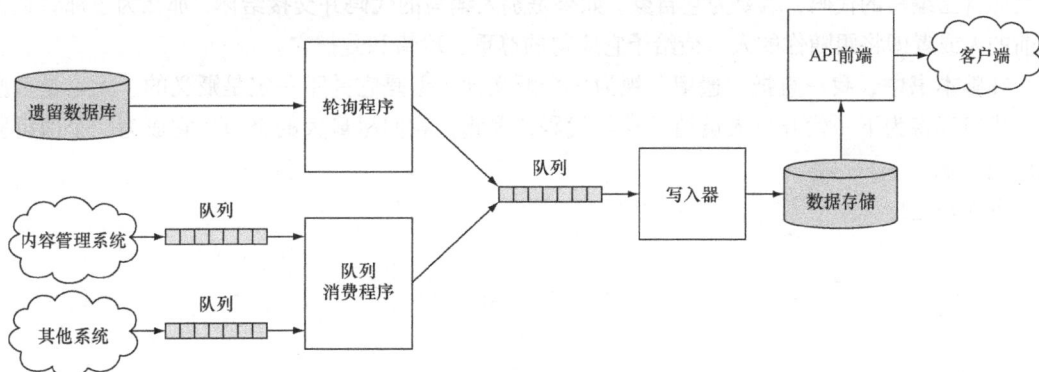

图 10-1　Guardian Content API 的架构

系统有两个服务负责接收新内容。一个负责轮询数据库找到更改，同时另一个负责消费通过队列从内容管理系统（CMS）和各种其他系统过来的数据。然后，两个服务都通过队列将内容发送到另外一个服务，该服务的唯一任务就是从队列读取内容并写入数据存储。最后，还有一个服务位于数据存储之前，处理来自客户端的请求。

虽然系统作为一个整体是复杂的（事实上，它包含很多并不在这个简化过的图中的其他服务和应用程序），但每一个组件都很小、很简单，并且，最重要的是，可遗弃。

我们最近用 Clojure 写了一个新的 Content API 组件，只是因为其中一个开发人员想尝试这种语言。这个组件就是一小段代码：轮询两个 API，转换响应，并将其写进队列。几个月来，它运行良好，无需维护。但是最近我们收到一个功能请求，需要向这个组件添加更多的代码，我们认为用 Scala（一种团队更熟悉的语言）重写整个组件，会令开发更容易。我们估计重写它只需要一两天时间，基本没什么风险。

这种不担任何风险就能够丢弃软件的一部分并重新开始的能力，是可丢弃软件的真正价值。

## 10.6 小结

■ 如果想保持项目健康，不要只关注源代码。文档、工具链、基础设施、自动化以及团队文化都很重要。

■ 软件的相关信息会逐渐泄露到以太网中，除非保持防范意识。

■ 良好的技术文档是无价之宝。团队的沟通好到无需文档就更好了。开发人员需要文档来避免知识随着团队成员的离开而流失的现象，但是，如果开发人员更喜欢互相提问而不是参考文档，就标志着这个团队是一个健康的团队。

■ 构建大型软件的组件要足够小，使其可以无风险地被丢弃和重写。

穿过遗留软件的风景线，我们到达了这段旅程的终点。本书的范围很广，因此我只能简单地涉及大量的主题，但是我希望自己激励了你热爱自己的代码，不论是遗留代码还是其他代码。只要是你自己编写的代码，就要为它自豪。如果是别人编写的代码并交接给你，那么为了那些在你之前的人或者即将跟随你的人，请给予它应得的尊重，珍惜和爱护它。

在整本书中，我一直把"遗留"视为一个贬义词，但是它并不一定是贬义的。无论是否愿意，我们都将为下一代开发人员留下遗留代码，因此让我们尽最大的努力让它成为一个值得骄傲的遗产吧。

祝你好运！

# 欢迎来到异步社区！

## 异步社区的来历

异步社区（www.epubit.com.cn）是人民邮电出版社旗下 IT 专业图书旗舰社区，于 2015 年 8 月上线运营。

异步社区依托于人民邮电出版社 20 余年的 IT 专业优质出版资源和编辑策划团队，打造传统出版与电子出版和自出版结合、纸质书与电子书结合、传统印刷与 POD 按需印刷结合的出版平台，提供最新技术资讯，为作者和读者打造交流互动的平台。

## 社区里都有什么？

### 购买图书

我们出版的图书涵盖主流 IT 技术，在编程语言、Web 技术、数据科学等领域有众多经典畅销图书。社区现已上线图书 1000 余种，电子书 400 多种，部分新书实现纸书、电子书同步出版。我们还会定期发布新书书讯。

### 下载资源

社区内提供随书附赠的资源，如书中的案例或程序源代码。

另外，社区还提供了大量的免费电子书，只要注册成为社区用户就可以免费下载。

### 与作译者互动

很多图书的作译者已经入驻社区，您可以关注他们，咨询技术问题；可以阅读不断更新的技术文章，听作译者和编辑畅聊好书背后有趣的故事；还可以参与社区的作者访谈栏目，向您关注的作者提出采访题目。

## 灵活优惠的购书

您可以方便地下单购买纸质图书或电子图书，纸质图书直接从人民邮电出版社书库发货，电子书提供多种阅读格式。

对于重磅新书，社区提供预售和新书首发服务，用户可以第一时间买到心仪的新书。

用户账户中的积分可以用于购书优惠。100 积分 =1 元，购买图书时，在 里填入可使用的积分数值，即可扣减相应金额。

# 特别优惠

购买本书的读者专享异步社区购书优惠券。

使用方法：注册成为社区用户，在下单购书时输入 S4XC5 使用优惠码，然后点击"使用优惠码"，即可在原折扣基础上享受全单9折优惠。（订单满39元即可使用，本优惠券只可使用一次）

## 纸电图书组合购买

社区独家提供纸质图书和电子书组合购买方式，价格优惠，一次购买，多种阅读选择。

# 社区里还可以做什么？

## 提交勘误

您可以在图书页面下方提交勘误，每条勘误被确认后可以获得 100 积分。热心勘误的读者还有机会参与书稿的审校和翻译工作。

## 写作

社区提供基于 Markdown 的写作环境，喜欢写作的您可以在此一试身手，在社区里分享您的技术心得和读书体会，更可以体验自出版的乐趣，轻松实现出版的梦想。

如果成为社区认证作译者，还可以享受异步社区提供的作者专享特色服务。

## 会议活动早知道

您可以掌握 IT 圈的技术会议资讯，更有机会免费获赠大会门票。

# 加入异步

扫描任意二维码都能找到我们：

|  |  |  |  |  |
|:---:|:---:|:---:|:---:|:---:|
| 异步社区 | 微信服务号 | 微信订阅号 | 官方微博 | QQ 群：436746675 |

社区网址：www.epubit.com.cn

投稿 & 咨询：contact@epubit.com.cn